中国石油气藏型储气库丛书

储气库钻采工程

袁光杰 夏 焱 李国韬 等编著

石油工业出版社

内 容 提 要

本书详细介绍了国内储气库钻完井工程技术、注采工程技术、老井封堵与再利用工程技术和完整性保障技术发展现状,结合现场应用实例,系统总结了国内储气库建设取得的主要技术成果。

本书可以作为储气库从业人员的参考书籍,也可供石油院校相关专业师生参考。

图书在版编目(CIP)数据

储气库钻采工程/袁光杰等编著. —北京:石油
工业出版社,2021.6
(中国石油气藏型储气库丛书)
ISBN 978 – 7 – 5183 – 2603 – 7

Ⅰ.① 储… Ⅱ.① 袁… Ⅲ.① 地下储气库 – 钻井 ② 地
下储气库 – 完井 Ⅳ.① TE972

中国版本图书馆 CIP 数据核字(2021)第 106268 号

出版发行:石油工业出版社
(北京安定门外安华里 2 区 1 号楼　100011)
网　　址:www. petropub. com
编辑部:(010)64210387　图书营销中心:(010)64523633
经　销:全国新华书店
印　刷:北京中石油彩色印刷有限责任公司
2021 年 6 月第 1 版　2021 年 6 月第 1 次印刷
787×1092 毫米　开本:1/16　印张:9.75
字数:220 千字
定价:120.00 元
(如出现印装质量问题,我社图书营销中心负责调换)

《中国石油气藏型储气库丛书》

编 委 会

《储气库钻采工程》

编写与审稿人员名单

章	编写人员							审稿人员
第一章	李国韬	冯　杰	赵福祥	李景翠	王　菁	杨海军		袁光杰
第二章	齐奉忠　张洪华　刘天恩　庄晓谦　杜济明　李颖颖　牛爱娟 陈丽萍　杨学梅							夏　焱
第三章	夏　焱　李　隽　刘建东　付　盼　刘　岩　王　云　范伟华 万继方　王浩宇							李国韬
第四章	袁光杰	金根泰	张　弘	董京楠	董胜祥	牟凯文		李国韬
第五章	毛蕴才	王建军	路立君	蓝海峰	班凡生	张广明	王子健	夏　焱

丛书序

进入 21 世纪,中国天然气产业发展迅猛,建成四大通道,天然气骨干管道总长已达 7.6 万千米,天然气需求急剧增长,全国天然气消费量从 2000 年的 245 亿立方米快速上升到 2019 年的 3067 亿立方米。其中,2019 年天然气进口比例高达 43%。冬季用气量是夏季的 4 ~ 10 倍,而储气调峰能力不足,严重影响了百姓生活。欧美经验表明,保障天然气安全平稳供给最经济最有效的手段——建设地下储气库。

地下储气库是将天然气重新注入地下空间而形成的一种人工气田或气藏,一般建设在靠近下游天然气用户城市的附近,在保障天然气管网高效安全运行、平衡季节用气峰谷差、应对长输管道突发事故、保障国家能源安全等方面发挥着不可替代的作用,已成为天然气"产、供、储、销"整体产业链中不可或缺的重要组成部分。2019 年,全世界共有地下储气库 689 座(北美 67%、欧洲 21%、独联体 7%),工作气量约 4165 亿立方米(北美 39%、欧洲 26%、独联体 28%),占天然气消费总量的 10.3% 左右。其中:中国储气库共有 27 座,总库容 520 亿立方米,调峰工作气量已达 130 亿立方米,占全国天然气消费总量的 4.2%。随着中国天然气业务快速稳步发展,预计 2030 年天然气消费量将达到 6000 亿立方米,天然气进口量 3300 亿立方米,对外依存度将超过 55%,天然气调峰需求将超过 700 亿立方米,中国储气库业务将迎来大规模建设黄金期。

为解决天然气供需日益紧张的矛盾,2010 年以来,中国石油陆续启动新疆呼图壁、西南相国寺、辽河双 6、华北苏桥、大港板南、长庆陕 224 等 6 座气藏型储气库(群)建设工作,但中国建库地质条件十分复杂,构造目标破碎,储层埋藏深、物性差,压力系数低,给储气库密封性与钻完井工程带来了严峻挑战;关键设备与核心装备依靠进口,建设成本与工期进度受制于人;地下、井筒和地面一体化条件苛刻,风险管控要求高。在这种情况下,中国石油立足自主创新,形成了从选址评价、工程建设到安全运行成套技术与装备，建成 100 亿立方米调峰保供能力，在提高天然气管网运行效率、平衡季节用气峰谷差、应对长输管道突发事故等方面发挥了重要作用，开创了我国储气库建设工业化之路。因此，及时总结储气库建设与运行的经验与教训，充分吸收国外储气库百年建设成果，站在新形势下储气库大规模建设的起点上，编写一套适合中国复杂地质条件下气藏型储气库建设与运行系列丛书，指导储气库快速安全有效发展，意义十分重大。

《中国石油气藏型储气库丛书》是一套按照地质气藏评价、钻完井工程、地面装备与建设和风险管控等四大关键技术体系，结合呼图壁、相国寺等六座储气库建设实践经验与成果，编撰完成的系列技术专著。该套丛书共包括《气藏型储气库总论》《储气库地质与气藏工程》《储气库钻采工程》《储气库地面工程》《储气库风险管控》《呼图壁储气库建设与运行管理实践》《相国寺储气库建设与运行管理实践》《双 6 储气库建设与运行管理实践》《苏桥储气库群建设与运行管理实践》《板南储气库群建设与运行管理实践》《陕 224 储气库建设与运行管理实践》等 11 个分册。编著者均为长期从事储气库基础理论研究与设计、现场生产建设和运营管理决策的专家、学者，代表了中国储气库研究与建设的最高水平。

本套丛书全面系统地总结、提炼了气藏型储气库研究、建设与运行的系列关键技术与经验，是一套值得在该领域从事相关研究、设计、建设与管理的人员参考的重要专著，必将对中国新形势下储气库大规模建设与运行起到积极的指导作用。我对这套丛书的出版发行表示热烈祝贺，并向在丛书编写与出版发行过程中付出辛勤汗水的广大研究人员与工作人员致以崇高敬意！

中国工程院院士　胡文瑞

2019 年 12 月

前　　言

随着国家对空气质量和环境保护工作的日益重视，天然气作为一种清洁能源受到了广泛重视，天然气消费量逐年迅速增长。然而，我国天然气生产能力严重不足，供需分布不均衡、矛盾突出，严重影响国家能源安全和社会经济发展，建设地下储气库势在必行。随着西气东输管线、陕京管线、中俄管线、中缅管线等长距离输气管道的陆续建设并投入运营，地下储气库的需求日益紧迫。

地下储气库是一种具有存储天然气能力的地下地质构造，主要起到平衡目标市场用气冬夏季节差异的作用，同时对优化长输管道运营效率、实现天然气的战略储备、提高能源安全保障都发挥着重要作用。地下储气库是天然气长输管道的重要组成部分，是国家能源安全保障的重要组成部分，一直受到党和国家的高度重视。

我国自 2000 年首次建成"第一座大型城市调峰用地下储气库——大张坨地下储气库"以来，在大港、华北、东北、江苏、西南、新疆等地陆续建成地下储气库十余座，工作气量达到百亿立方米。

气藏型地下储气库钻采工程技术与常规气藏开发工程技术既有共同点，又有特殊性。储气库钻采工程要满足"低储层压力情况下防漏和储层保护、大排量注采、周期性压力频繁变化、30～50 年使用寿命"的特殊要求。本书系统总结了 20 年来国内储气库建设取得的主要技术成果，结合现场应用典型实例，详细介绍了国内储气库钻完井工程技术、注采工程技术、老井处理工程技术和完整性保障技术发展现状，对今后国内气藏型储气库的建设具有借鉴意义，同时可以作为从事地下储气库研究和设计同仁的参考书籍。

本书由袁光杰组织编写，并确定总体编写思路和编写框架。全书由李国韬统稿和初审，夏焱和毛蕴才终审。中国石油工程技术研究院、勘探开发研究院、渤海钻探公司、西南油气田公司、华北油田公司、川庆钻探公司参与储气库设计和建设的技术人员参与了各章节的编写工作。

在本书编写过程中还得到了中国石油勘探与生产分公司、储气库分公司、大港油田公司、新疆油田公司、辽河油田公司有关领导和技术人员以及刘喜林、弓麟、孙宁等专家的大力支持和帮助，在此致以由衷的感谢！

国内储气库发展历程尚短，所涉及领域广泛，加之编著者知识水平和认知有限，书中难免有疏漏或值得探讨之处，敬请广大专家和业界同仁批评指正。

目　　录

第一章　概　　述

国外地下储气库的历史可以追溯到 20 世纪初,国内地下储气库始于 20 世纪 90 年代,在学习借鉴国外储气库工程技术的基础上,针对国内储气库建设特点,进行了科研攻关和实践,形成了适合国内储气库建设实际的钻采工程技术,某些技术达到了国际先进水平。本章通过总结国内外储气库钻采技术现状,分析国内外储气库建设特点,展望储气库钻采技术发展趋势,为国内储气库钻采技术发展提供借鉴。

第一节　国内气藏型储气库建设现状与主体技术

一、建设现状

根据预测,2030 年我国天然气用量将突破 $5000 \times 10^8 m^3$,对外依存度超 50%。仅横贯我国东西的西气东输二线工程年进口天然气量就达 $300 \times 10^8 m^3$,境内外管道总长度分别超过 3000km 和 8000km。如此巨大的天然气对外依存度和超长距离的输气管道工程,必然需要一个与之相匹配的可以充分保障安全和平稳供气的调峰应急保障系统。由来已久的俄罗斯与乌克兰的天然气争端为各国在天然气进口安全保障方面提出了警示。随着我国经济的快速发展和人民生活质量的不断提高,对天然气的需求将进一步增加,而国内天然气资源远不能满足需求,对外依赖程度将不断加大。因此,必须进行天然气生产、供应、储备和应急等产业链条的全面建设,以保证国内天然气能源的安全供给,满足国家经济建设和居民生活的需要。

与国外相比,我国地下储气库建设起步较晚,从 20 世纪 90 年代开始进行地下储气库建设技术的研究工作。20 余年来,先后针对大港油田、华北油田、新疆油田、西南油气田、辽河油田、长庆油田、吉林油田、大庆油田、中原油田所属的油气藏,以及江苏省常州市金坛区、江苏省淮安市、河南省平顶山市、湖北省应城市、湖北省潜江市、云南省安宁市所属的盐层等不同地质构造下的各类储气库建设技术进行了研究和建设。2010 年前,建设并投入运行的主要有大港油田储气库群、华北油田储气库群、刘庄储气库和金坛储气库。在大港油田建成的储气库群包括 6 座储气库,均为砂岩油气藏型;在华北油田建成的储气库群包括 3 座储气库(其中京 58 储气库和京 51 储气库为砂岩油气藏型,永 22 储气库为石灰岩裂缝油气藏型);刘庄储气库为砂岩灰岩互层的油气藏型;金坛储气库为盐穴型。国内已建气藏型地下储气库基本参数见表 1 - 1 - 1。

鉴于国内天然气供需的严峻局面,在 2010 年 1 月,中国石油天然气集团公司召开专题会议,贯彻落实党中央、国务院领导同志批示,加快天然气市场开发和储气库建设。会议明确指出:加快储气库建设是确保平稳安全供气的重要举措,要统筹规划、精心组织、科学管理,切实把储气库规划好、建设好、运营好。会议决定,以环渤海地区、西南地区、中西部地区为重点,按照区域应急调峰和国家战略储备两个层次,优先建设急需的储气库,优化资源配置,努力满足天然气用户消费需求。

表 1-1-1　国内已建气藏型地下储气库基本参数表

储气库		运行压力（MPa）	库容量（$10^8 m^3$）	工作气量（$10^8 m^3$）
大港油田	大张坨储气库	13.0~30.5	17.81	6.00
	板 876 储气库	13.0~26.5	4.65	1.89
	板中北储气库	13.0~30.5	24.48	10.97
	板中南储气库	13.0~30.5	9.71	4.70
	板 808 储气库	13.0~30.5/15.0~37.0	7.64	4.17
	板 828 储气库	15.0~37.0	4.69	2.57
	板南储气库	13.0~31.0	7.82	4.27
华北油田	京 58 储气库	11.0~20.6	8.10	3.90
	京 51 储气库	8.6~16.5	1.27	0.64
	永 22 储气库	17.0~31.4	7.40	3.00
	苏桥储气库	10.0~24.0	67.38	23.32
辽河油田双六储气库		10.0~24.0	41.32	16.00
西南油气田相国寺储气库		11.7~28.0	40.50	22.80
新疆油田呼图壁储气库		18.0~34.0	107.00	45.10
长庆油田陕 224 储气库		18.5~32.0	8.60	3.30
江苏油田刘庄储气库		5.0~12.0	4.60	2.50

注：数据截至 2019 年底。

二、建设特点

（一）气藏型储气库建设与气藏开发的差异

把气藏改建成储气库与常规气藏开发有很大的差异，具体表现在以下几方面。

1. 对象的差异

气藏开发面对的是处于原始状态的气层，储气库建设面对的是处于枯竭状态的气层，地层物理性质发生了较大改变。

2. 条件的差异

气藏开发是想尽办法把各种复杂条件下的天然气开采出来；储气库建设则是筛选具有合适条件的气藏改建成为储气库。

3. 开采方式的差异

气藏开发是要最大限度地提高采收率，开采周期可长达几十年；储气库运行则是在一个采气周期内（一般为 3~4 个月）把储气库中的有效工作气全部开采出来，并且还需要在一个注气周期内（一般为 7~8 个月）将天然气注入储气库中去，相当于在一年内完成一个气藏的注入和开采。

4. 气质条件的差异

气藏开发是针对原始气质条件（如 CO_2 和 H_2S 含量）；储气库设计针对的是注入的管道气

的气质条件,与原始气质条件有较大变化。不同的气质条件,对管材的要求不同。

5. 设计准则的差异

气藏开发以保持稳产,获得最大采收率为原则;储气库的设计原则是满足供气目标市场的最大调峰需求。

6. 运行的差异

气藏开发运行是产量逐渐递减,直至枯竭的过程;储气库运行时工作气量及压力始终保持较高水平,甚至在一定条件下会出现递增。

7. 工程要求的差异

气藏开发中采气井的使用寿命一般为 10～20 年,承受的压力是从高压到低压的单向降压过程;储气库注采井的使用寿命一般要求 30～50 年,并且在这期间,在每个注采周期内井筒内的压力呈现出从最低运行压力到最高运行压力、又从最高运行压力到最低运行压力的周期性交替变化。

8. 储层改造的差异

气藏开发可以通过大规模压裂改造,来提高单井产能;储气库注采井出于密封性考虑,不宜采用储层压裂改造的措施来提高单井的生产能力。

9. 监测的差异

气藏开发一般不部署专门的监测井;储气库运行过程中监测气库的密封性、库存的天然气量是非常重要的工作,会专门部署大量的监测井。

(二)气藏型储气库建设的特殊性

我国气藏型储气库建设除上述与气藏开发的不同点外,还具有以下的特点[1,2]:

(1)储层采出程度高,地层压力系数低。

目前,国内气藏型储气库除大港油田大张坨储气库和华北油田永 22 储气库外均为利用枯竭报废后的气藏改建而成。建库前储层的孔隙压力很低(压力系数 0.1～0.4),油、气、水分布复杂,对储气库注采井钻完井工程提出了更高的要求。

(2)储层埋藏深。

国外绝大多数气藏型储气库埋藏深度在 2000m 以内,而我国储气库的埋藏深度为 2000～3000m,有的甚至超过了 4000m。随着埋藏深度的增加,进一步加大了储气库建造的难度,并且使建设投资大幅度增加。

(3)老井较多,处理难度大。

用于建设储气库的气藏上分布着几十口老井。为保证储气库的整体密封性,在储气库建设过程中必须对老井进行可靠封堵,防止气体泄漏,确保储气库运行安全。这些老井报废前有的是生产井,有的是注水井,井筒状况相对简单。但有的井是事故井,井筒状况复杂,处理难度较大。更具挑战的是有些井是气藏开发时的工程报废井、侧钻井、未下套管的地质报废井,这些井能否得到有效处理,严重影响了储气库的建设。甚至在库址选择中有一井否决的作用。

(4)储气库建造大多位于人口密集区、工业园区、良田或环境保护区等,对安全环保提出了更高的要求。

这些特殊性对于储气库建设过程中的井型、井身结构、钻井液的优化,以及固井工艺、完井工艺、注采工艺和老井处理工艺都提出了新的技术要求。

三、储气库建设中应用的主体技术

(一)钻井工艺技术

国内储气库建设中主要采用了丛式定向井,并且成功尝试了水平注采井技术和大管柱注采井技术。为确保储气库"注得进、采得出、存得住",国内目前常采用生产套管气密封螺纹连接、固井韧性水泥浆返至地面、气密封螺纹氦气检测等技术措施,确保储气库井筒的完整性。

储气库注采井采用直井钻井施工简单,但地面工程建设征地面积大,费用高,且不便于运行管理;而采用丛式井的钻井方式,可减少征地面积,减少修建井场、铺垫道路和铺设注采管线的工程量,节约了地面建设费、地面注采管网费及钻机搬安费等相关费用,并且便于建成后的运行管理,具有良好的综合经济效益。优化井场设计是一项复杂的工作,首先应根据构造特征、注采井网的布局和井数、目的层深度、地面条件、钻井工艺技术要求和建井过程中每个阶段各项工程费用成本构成进行综合性的经济技术论证。大港油田板876储气库5口注采井受地面限制,经过反复计算和优化最终采用1个井场(图1-1-1);大港油田大张坨储气库12口注采井采用2个井场;刘庄储气库10口注采井采用3个井场。

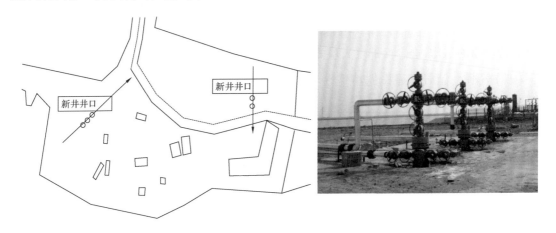

图1-1-1　板876储气库丛式井场部署图

(二)固井工艺技术

利用枯竭油气藏建设储气库存在储层压力亏空严重、封固段长、固井压差大,并且井筒密封质量比常规气井要求高等突出特点,储气库井的固井工作非常重要。建造过程中经常采用先期防漏堵漏工艺、平衡压力固井技术和分级注水泥技术、韧性水泥浆体系等更为先进的固井工艺技术。

(三)完井工艺技术

目前,国内储气库注采井完井一般采用套管射孔完井和筛管完井两种方式,未采用裸眼完井方式。套管射孔完井主要应用于砂岩中,筛管完井主要应用于石灰岩或水平井中。

（四）注采工艺技术

为延长储气库的使用寿命,提高其经济性和安全性,国内在储气库注采方面常采用以下技术和要求:

（1）射孔、测试、完井、注采气管柱一体化设计,以减少管柱的起下次数,起到保护储层的作用。

（2）利用封隔器保护套管。

（3）利用测试短节（坐落接头）完成监测。

（4）安装包括井下安全阀在内的地面自动控制系统。

（5）满足后期不压井作业修井要求。

（五）储层保护工艺技术

为解决储气库建造过程中的储层保护问题,国内常采用的技术包括:储层段快速钻井技术,降低储层浸泡时间;屏蔽暂堵技术;分级固井工艺技术;低密度、低固相、低失水完井液技术;射孔—完井一次完成工艺技术等。

（六）老井封堵工艺技术

目前,国内储气库建设中老井封堵的主要难点在于:

（1）地层压力系数低,封堵过程中易发生漏失。

（2）老井储层埋藏比较深（>2000m）,并且上下均有射开层位。

（3）井筒情况复杂。

根据不同的地层特点选择不同的水泥封堵方式:

（1）针对层系间距离较大、地层物性差距较大的井,采用分层挤注水泥进行封堵。

（2）针对层系间距离较小、地层物性差距较小的井,对各层系采用笼统挤注水泥进行封堵。

对于封堵工艺,经过多年的研究实践,逐渐形成了以"高压挤注、带压候凝"为核心的封堵工艺技术。对于封堵剂,常用的有树脂类堵剂、水泥浆堵剂和超细水泥浆等,目前采用超细水泥浆比较普遍。

总之,经过多年的探索、实践、完善,在前期借鉴国外储气库建设经验的基础上,初步形成了适应我国气藏型储气库建设特点的钻采工程技术体系。但是,在储气库工程实践中仍暴露出一些新问题,需要加大相关技术的研发,以满足我国储气库建设发展的需要[4,5]。

（1）环空带压问题:注采井存在套管与油管环空带压情况,部分井套管环空也存在带压情况,具有一定的安全隐患。

（2）钻井液漏失问题:由于建库时储层压力低,钻完井施工中钻井液漏失严重,有的井漏失量达上千立方米,严重伤害储层,影响了注采井产能。

（3）固井质量保障措施优化问题:由于储层承压能力低,固井施工中发生漏失,影响了固井质量;储气层埋藏深,井身结构复杂,地层温度高,影响了固井质量。

（4）完井方式优化问题:目前储气库注采井井型、完井方式比较单一,较为集中在定向井射孔完井,不能很好地适应越来越复杂的储气库建设地质条件。

第二节　国外气藏型储气库建设现状与技术发展

一、建设现状

国外地下储气库的历史可以追溯到 20 世纪初。据有关资料显示,1915 年加拿大首次在安大略省的 Welland 气田进行储气实验;1916 年美国在纽约布法罗附近的 Zoar 枯竭气田建设储气库,1954 年在纽约 Calg 油田首次利用枯竭油田改建储气库,1958 年在肯塔基首次在含水层建成储气库,1963 年在科罗拉多 Denver 附近首次建成废弃矿坑型储气库;法国在 1956 年开始地下战略储气库的建设。

苏联天然气资源丰富,地下储气库建设工作起步相对较晚,主要用于平衡管网和季节调峰,但发展很快。1959 年在莫斯科附近修建了肯卢什地下储气库,1960 年有 4 座地下储气库投入运营,1980 年有 29 座,1990 年已达到 46 座,其中含水层型 13 座,盐穴型储气库 1 座,其余为枯竭油气藏型。2014—2015 年度,俄罗斯地下储气库总工作气量为 $704 \times 10^8 m^3$,注采能力为 $7.4 \times 10^8 m^3/d$。预计到 2025 年,工作气量将达到 $840 \times 10^8 m^3$,同时注采气量也会增加到 $10.7 \times 10^8 m^3/d$。

截至 2014 年底,世界上运行和在建的储气库约 715 座,总工作气量 $4005.7 \times 10^8 m^3$,占全球天然气消费量的 11%,预测 2030 年工作气量将达 $4500 \times 10^8 m^3$。地下储气库类型以气藏型储气库为主,占总工作气量的 75%,其次是含水层型储气库,占总工作气量 12%,盐穴型储气库占总工作气量的 7%,油藏型储气库为 6%。(目前世界范围内仅有 2 座岩洞型储气库和 1 座废弃矿坑型储气库,工作气量仅 $0.87 \times 10^8 m^3$,暂未计入统计范围。)

美国、俄罗斯、乌克兰、德国、意大利、加拿大、荷兰和法国是传统的储气库大国,其工作气量占全球地下储气库工作气量的 80%。美国和加拿大是世界上天然气市场最发达的地区,地下储气库已有百年历史,发展成熟。据美国能源信息署(EIA)公布的数据,2014 年美国拥有地下储气库 419 座,总库容量为 $2613 \times 10^8 m^3$,工作气量为 $1354 \times 10^8 m^3$,相当于美国当年天然气消费总量($7555 \times 10^8 m^3$)的 17.9%。其中,枯竭油气藏型储气库总库容量约为 $2005 \times 10^8 m^3$,工作气量为 $1088 \times 10^8 m^3$;含水层型储气库总库容量约为 $409 \times 10^8 m^3$,工作气量为 $128 \times 10^8 m^3$;盐穴型储气库总库容量约为 $199 \times 10^8 m^3$,工作气量为 $138 \times 10^8 m^3$。受地质条件、地理情况以及历史因素影响,北美地区单个储气库的工作气量都相对较小。欧洲是仅次于北美和独联体的世界第三大储气库市场,其地下储气库工作气量占到了天然气消费量的 22%。2015 年,欧洲储气库工作气量达到了 $1100 \times 10^8 m^3$,注采气能力达到了 $21.95 \times 10^8 m^3/d$。世界各国地下储气库工作气量及采气能力见表 1-2-1。

表 1-2-1　世界各国地下储气库工作气量及采气能力

序号	国家	储气库数量(座)	总工作气量($10^8 m^3$)	总采气能力($10^8 m^3/d$)
1	美国	419	1354.0	28.91
2	俄罗斯	23	704.0	7.41
3	乌克兰	13	321.8	2.64

序号	国家	储气库数量(座)	总工作气量($10^8\,m^3$)	总采气能力($10^8\,m^3/d$)
4	德国	51	229.0	6.63
5	加拿大	61	206.5	2.31
6	意大利	11	171.1	3.31
7	荷兰	5	128.1	2.63
8	法国	16	127.8	2.74
9	奥地利	9	82.0	0.94
10	伊朗	2	60.0	0.29
11	匈牙利	6	64.9	0.8
12	乌兹别克斯坦	3	62.0	0.56
13	英国	8	52.7	1.52
14	中国	21	47.8	1.35
15	塔吉克斯坦	3	46.5	0.34
16	阿塞拜疆	3	42.0	0.14
17	捷克	8	35.3	0.67
18	西班牙	4	33.7	0.31
19	斯洛伐克	3	33.2	0.39
20	罗马尼亚	8	31.1	0.34
21	澳大利亚	6	29.1	0.17
22	波兰	9	27.5	0.45
23	土耳其	1	26.6	0.20
24	拉脱维亚	1	23.0	0.30
25	日本	5	11.5	0.05
26	白俄罗斯	3	11.2	0.31
27	丹麦	2	10.2	0.25
28	比利时	1	7.0	0.15
29	克罗地亚	1	5.6	0.06
30	保加利亚	1	5.0	0.04
31	塞尔维亚	1	4.5	0.10
32	新西兰	1	2.7	0.01
33	葡萄牙	1	2.4	0.07
34	爱尔兰	1	2.3	0.03
35	阿根廷	1	1.5	0.02
36	亚美尼亚	1	1.4	0.09
37	吉尔吉斯斯坦	1	0.6	0.01
38	瑞典	1	0.1	0.01
合计		715	4005.7	66.55

南美和中东地区储气库建设刚刚起步,天然气消费量的不断增加推动了地下储气库的快速发展。南美地区天然气消费量达到 $2500 \times 10^8 m^3/a$。目前仅阿根廷建成一座 Diadema 储气库,工作气量为 $1.5 \times 10^8 m^3$,下一步拟建储气库 10 座,发展迅猛。墨西哥 Tuzandepetl 盐穴型储气库已获能源委员会批准,设计工作气量(第一阶段)为 $4.5 \times 10^8 m^3$,Campo Brasil 枯竭气藏型储气库设计工作气量 $14 \times 10^8 m^3$。巴西第一座地下储气库 Santana 枯竭气藏型储气库设计工作气量为 $1.3 \times 10^8 m^3$,于 2019 年投入运行。

伊朗虽然天然气资源丰富,但在冬季产量还是低于消费量,为满足冬季天然气需求高峰,仍需进口天然气,是中东地区第一个建设运营地下储气库的国家,2011 建成第一座 Sarajeh 气藏型储气库,2014 年建成 Shurijeh 气藏型储气库,两座储气库总工作气量 $60 \times 10^8 m^3$,采气能力 $0.29 \times 10^8 m^3/d$。相对于每年 $1600 \times 10^8 m^3$ 的天然气消费量,目前伊朗地下储气库工作气量还远远不足。

二、建设特点

从资料来看,国外地下储气库大部分为枯竭油(或气)藏型,也有部分水层型和盐穴型储气库,只有很少的储气库建在废弃的矿坑中。总体来讲,国外储气库地质条件以海相沉积为主,90% 储气库埋深小于 2000m,构造完整,物性较好,储层渗透率一般在几十至上百、上千毫达西,属于中高孔隙度、渗透率储层,且非均质性较弱。岩性主要为砂岩和石灰岩,部分气田含 H_2S。没有在潜山深层中建设储气库的先例。

经过百年发展历史,国外气藏型储气库在地质研究、地面工艺标准化建设、运行优化管理、地面工艺和设备研发、自动化管理等方面建立了成熟的技术体系。

国外气藏型储气库井多为直井和定向井,近年来,美国、土耳其和法国等在储气库建库时开始推广应用丛式井、水平井和多分支井;储气库井多选用 ϕ177.8mm 和 ϕ244.5mm 油管,实现了储气库大吞大吐的功能,部分井注采能力达 $800 \times 10^4 \sim 1000 \times 10^4 m^3/d$,油管及生产套管均采用气密封螺纹连接,生产套管采用弹性水泥浆固井;储气库井在钻井施工时采用储层专打、欠平衡钻井、不压井作业等储层保护技术,灵活应用预充填防砂筛管、悬挂尾管等砂岩储气库先期防砂完井技术,并采用大直径管柱,环空通常加注氮气和环空保护液;在储气库监测方面,形成了针对储层、盖层、地层水、边界和断层等不同对象的监测井井身结构设计技术及运行期间井筒压力和气体泄漏监测和评价技术等。

国外储气库建设中充分考虑了储气库的大吞大吐、注采循环、气量波动大、运行压力高、使用寿命长等特点,地面注采流程采用了井场—集注站—双向输送管道的模式。该模式具有注采合一、双向计量、自控水平高、管理人员少的特点,且井场无放空立管,集注站分区延时泄放,可有效减少放空量。储气库可通过多个注采循环,实现逐步达容、地面分期建设的目的,且注采装置设计弹性大,可对采出气进行控油脱水。

三、储气库建设中主体技术的发展

随着储气库的运行实践,世界范围内对储气库建设的认识不断提高。在总结经验教训的同时,不断探索更为先进和完善的储气库设计、建设新技术,提高储气库调峰能力,保障储气库的安全运行。

（一）井型

至 20 世纪 90 年代早期，通常采用的是直井井型，要求气藏的储层足够厚。20 世纪 80 年代后期，随着水平井钻井技术在油气藏开发中应用效果的显现，水平井技术开始在储气库中得到应用（图 1 - 2 - 1 和图 1 - 2 - 2）。水平井技术的应用使储气库的运行效率得到了大幅度提高，同时也提高了气藏型储气库建造的范围。

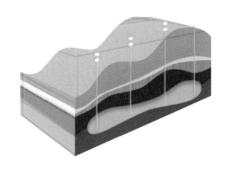 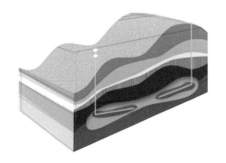

图 1 - 2 - 1　垂直井注采示意图　　　　　图 1 - 2 - 2　水平井注采示意图

1. 利用直井进行储气库建设的主要优缺点

优点：（1）直井钻井工艺技术相对简单；（2）井口相距较远，定期检修时，不会相互影响；（3）不会出现一口井发生事故，造成邻井供气中断的情况。

缺点：（1）要求气藏的储层必须有足够的厚度，在较薄的储层效果差；（2）气藏特性限制了单井的注采速率；（3）占地面积较大；（4）井口分散，日常管理不方便。

2. 利用水平井进行储气库建设的主要优缺点

优点：（1）对采用直井技术进行建造储气库不经济的气藏可以实现可观的经济效益；（2）水平井与储层接触长度的增加，降低了井壁周围的气体流动速度，从而使地层出砂得以大幅度降低；（3）可以实现高速注采气运行，在同一油气藏区块中，水平井的采收率高于垂直井的采收率 1.5～6 倍；（4）可以减缓储气库采气过程中水窜的发生。

缺点：（1）需要精细的地质构造描述；（2）需要地质、气藏和钻井等专业的通力协作。

水平井在储气库建造中的成功应用实例很多。例如：土耳其境内的 KM 气藏型储气库、匈牙利境内的 Maros - 1 气藏型储气库和美国境内的 Edmond 气藏型储气库等，都是利用水平井技术建设储气库的典型实例。

（二）储层保护技术

钻井工程中常用的做法是，使用的钻井液所形成的液柱压力大于储气层的地层压力，采用屏蔽暂堵技术解决储层的漏失问题，固井完井后进行射孔作业，随后可采用酸化措施来恢复储气层的自然产能。

开始采用的欠平衡钻井技术，核心是在钻进过程中钻井流体对储气层形成的井底压力低于储气层的孔隙压力。钻井流体可以是油、泡沫或气体，从而减少了钻井液、钻井液滤饼和钻井液滤液对储层的伤害。如果采用气体钻井，为了保证钻井安全，一般采用氮气或天然气钻井。

欠平衡钻井技术在美国的 Huntsman 储气库、Nebraska 储气库、Sayre 储气库、Oklahoma 储气库,德国的 Breibrunn 和 Eggstatt 储气库以及英国的一座气藏型储气库中有成功应用的实例。从应用效果看,利用欠平衡钻完井方式可很大程度的降低储层伤害,达到储气层保护的目的,特别是在薄的储气层中应用效果是非常明显的。

(三)储气库出砂

由于砂岩气藏胶结松散,在储气库运行中很容易出现出砂问题,因此必须做好防砂措施。

(1)优化完井方式,减少储层出砂,提高储气库的库容。

澳大利亚通过对 Matzen 气藏进行模拟,优选采用了裸眼砾石充填完井和膨胀筛管完井,其中膨胀筛管完井效果更好。

(2)对出砂含量进行监测。

利用监测系统实现对砂粒的监测。注采井中生产的流体从具有一定形状的障碍物中穿过并到达管状探针中,无出砂的井流物不会磨蚀探针,一旦出砂,砂粒就会穿透探针,从而被检测到。匈牙利的 Hajdúszoboszló 储气库在运行中应用该技术,发挥了重要的作用。出砂量在 1kg/d 以内是可以接受的,若高于该值,则必须降低流体的采出速度,当节流不能解决问题时就需要进行修井作业。

(四)工艺设计的统一化和标准化

尽管地下储气库的地质情况和工作参数等各有不同,但在实际设计中仍具有一些共同点和特性。工艺设计上的区别并不在原理上,而是在具体构成和设备方面,这为地下储气库建设从工艺设计到设备选择实现技术方案的统一化、标准化提供了可能性。地下储气库建设采用标准化设计,是加快建库速度、缩短建库周期、提高建库质量的重要措施之一。苏联在地下储气库主要技术方案的统一化与标准化研究方面取得了许多成果。

(五)储气库的风险评估

在地下储气库建设中,安全性是需要关注的关键问题之一。世界范围内,储气库在建设和运行过程中经常有事故发生,见表 1-2-2。

表 1-2-2　国外油气藏型地下储气库事故概览表

序号	发生地	事故发生时间	事故描述	事故注解
1	美国科罗拉多州	2006 年 10 月	气体泄漏,储气库运行中断,当地 13 户家庭(共计 52 人)紧急疏散	注采井泄漏,固井质量存在问题
2	英国北海南部	2006 年 2 月	爆炸及火灾,2 人受伤,31 人紧急疏散	脱水装置中的冷却机组失效,引发爆炸
3	美国伊利诺伊州	1997 年 2 月	爆炸及火灾,3 人受伤	油田在储气库区勘探钻井过程中气体迁移
4	德国巴伐利亚	2003 年	注采井筒环空压力升高	固井质量存在问题
5	美国加利福尼亚州	2003 年 4 月	气体泄漏约 25min,并发生油气混合	压缩机组阀门破裂

续表

序号	发生地	事故发生时间	事故描述	事故注解
6	美国加利福尼亚州	1975 年	气体从气藏迁移至邻近区域并泄漏至地表	气体首先迁移至浅表地层，地表橡树砍伐后泄漏至地面
7	美国加利福尼亚州	1950—1986 年	储气库气量损耗	储气库气体在注气过程中发生迁移，1986 年停止注气，2003 年关停储气库
8	美国加利福尼亚州	1940 年至今	储气库气体迁移	地质构造存在断层，导致储气库气体迁移至邻近区域
9	美国加利福尼亚州	1993 年 10 月	爆炸，造成 200 万美元的经济损失	气体脱水处理装置发生爆炸
10	美国路易斯安那州	1980—1999 年	注气量超负荷，注入气体发生迁移	储气库气体在注气过程迁移，储气库仍维持运行
11	美国加利福尼亚州	1974 年	爆炸，火灾持续 19d，气量损耗	事故原因未明
12	美国加利福尼亚州	20 世纪 70 年代	注气量超负荷，气体在注入过程迁移	注入气归属其他公司，2003 年关停储气库
13	美国加利福尼亚州	20 世纪 70 年代	气体迁移	气体由储气库迁移至地表，已关停储气库
14	美国加利福尼亚州	不详	注采井损毁	地震导致注采井损毁
15	美国加利福尼亚州	不详	套管鞋泄漏，注采井损坏	套管鞋泄漏修复过程中注采井不慎损坏
16	美国加利福尼亚州	不详	套管腐蚀，注采井损坏	腐蚀套管修复过程中注采井不慎损坏

国外在储气库风险评估方面开展了大量研究工作，对事故进行分析，事故原因统计见表 1-2-3。

表 1-2-3　地下储气库不同事故类型发生数量统计

序号	原因	不同类型地下储气库事故数量（次）					
		油气藏型	含水层型	盐穴型	人工开挖洞室	其他	小计
1	钻井、套管、密封塞等与钻井相关的破损	60	8	110	—	1	179
2	阀门、管道、井口等地面设施缺陷	3	4	7	—	2	16
3	井口压力损失	—	—	4	—	—	4
4	设计施工缺陷	7	16	95	5	—	123
5	超压、过量存储等导致的运行失效	9	1	15	3	—	28
6	静水压力过低、储库埋设过浅导致的运行失效	—	1	—	2	—	3
7	储压过低、盐岩蠕变导致的运行失效	—	—	9	—	—	9
8	浸出、洞室间连通/洞顶坍塌引起的运行失效	—	—	14	—	—	14
9	裂隙、蠕变、溶解引起的储库失效	—	—	90	—	—	90

序号	原因	不同类型地下储气库事故数量（次）					
		油气藏型	含水层型	盐穴型	人工开挖洞室	其他	小计
10	不经意外部干扰	—	2	—	—	—	2
11	维修、测试、维护引起的泄漏	2	2	2	—	—	6
12	非钻井引发的气体泄漏	11	13	1	5	1	31
13	密封性不足或盐岩厚度不足引起的盖层失效	3	13	2	4	—	22
14	裂隙或断层引起的盖层失效	4	5	—	3	—	12
15	竖井	—	—	—	1	—	1
16	岩层沉陷	—	—	—	2	1	3
17	地震	1	—	—	—	—	1
18	原因不明	4	1	7	1	1	14
	合计	104	66	358	25	5	558

储气库的风险影响因素很多。安全风险因素包括库址、井筒完整性、地面设施、自然灾害等；经济风险因素包括储层伤害、注采运行情况等。需要通过对储库的存储介质、封闭构造、边界条件、初始状态和工作模式进行测试分析，从而获得较高的安全性能。

Teatini P. 等结合意大利 PoRiver 储气库实际情况，提出了采用地球物理学、石油工程学、地下水力学、岩土力学、遥感技术和数值模拟等多种手段相结合的方法进行储库环境影响评估。Chen M. 等提出通过分析历史注采数据和气体泄漏情况建立三维分析模型，并开展地下储气库影响因素敏感性分析，获得了储气库泄漏原因。Buzek F. 采用碳的同位素来分析捷克三座地下储气库气体运移路径，分析结果证实同位素分析方法可以获得注入气体和原气体分布范围以及注入气体分布范围。

为确保储气库的运行安全，国外公司都在储气库周围布置一定数量的监测井，其数量占到了气库总井数的 1/3，甚至更高。例如：美国 Washingden10 储气库共有 22 口井，其中 14 口注采井、8 口监测井；阿根廷 Diadema 储气库共 26 口井，其中 10 口注采井、16 口监测井。监测井主要分布在储气库的周边地区，一般通过老井修复利用或打专门的监测井来实现。

目前国外已经开始利用风险评估（RBI）技术对地下储气库风险进行研究。该技术在全球石油石化行业内被广泛采用，其基本思路是：采用系统论的原理和方法，对设备系统中固有的或潜在的危险及其程度进行定性分析和评估，找出薄弱环节，优化检验效率和频率，降低日常检验及维修的费用，维持原有的安全裕度，提出安全技术建议和对策。

鉴于储气库在应急调峰和应急供气方面的重要性和不可替代性，风险评估在储气库中的全面应用也将是发展的必然趋势。

（六）储气库的数字化和智能化

欧洲一些储气库运营公司已经在储气库智能运行优化方面进行了大量研究，目前已经开发出可以同时模拟 12 座储气库、400 口注采井的储气库智能管理系统，将 SCADA 系统、油藏数值模拟和专家系统等有机结合起来，优化储气库调峰注采方案。

参 考 文 献

[1] 李国韬,张淑琦. 浅析我国气藏型储气库钻采工程技术的发展方向[J]. 石油科技论坛,2016,35(1):
28-31.

[2] 袁光杰,夏焱,金根泰. 国内外地下储库现状及工程技术发展趋势[J]. 石油钻探技术,2017,45(4):
8-14.

[3] 冉莉娜. 世界地下储气库发展现状及趋势[C]. 2016年天然气学术年会,2016.

[4] 丁国生,李春,王皆明,等. 中国地下储气库现状及技术发展方向[J]. 天然气工业,2015,35(11):
107-112.

[5] 王者超,李崴,刘杰,等. 地下储气库发展现状与安全事故原因综述[J]. 隧道与地下工程灾害防治,
2009,1(2):49-58.

[6] 丁国生,王皆明. 枯竭气藏改建储气库需要关注的几个关键问题[J]. 天然气工业,2011,31(5):87-89.

第二章 钻井工程技术

储气库注采井具有注气、采气双重功能,一般以一年为周期循环注气、采气,井筒承受的压力呈高低压循环往复交替变化,对钻井工程、固井工程和完井工程的质量要求远高于油气生产井。储气库注采井要求在短时间内采出所需要的工作气量,日注采气量远大于油气生产井。因此,储气库注采井钻完井工程的技术难点主要在于即满足高气量吞吐要求,又要满足长期安全运行的要求。为解决这一技术难题,围绕储气库工程对注采井调峰能力、井筒密封性、服役寿命等要求,对钻井工程、固井工程、套管强度校核等关键技术进行了全面研究。

第一节 钻 井 工 程

气藏型储气库钻井工程与常规油气田开发钻井工程具有一定的相似性,其基本原理是相通的。在进行气藏型地下储气库钻井工艺设计时,常规油气田开发钻井设计中所遵循的一般原则和方法都是适用的。在油气田开发钻井工程中积累的某些经验教训,在气藏型储气库钻井工程中也是能够借鉴和吸取的。本节重点论述了针对气藏型储气库特点,在钻井工程设计中需要重点考虑的内容,并以国内典型储气库为例进行阐述。

一、设计原则

由于地下储气库有其独特的运行规律和使用工况,储层压力系数低、注采交替运行、注采气速率大、注采运行压力变化幅度大、井筒质量要求高等,因此在进行储气库钻井设计时要遵循如下特殊的原则[1]:

(1)钻井设计基本内容包括地质设计、工程设计、施工进度计划及费用预算等部分。若在已建储气库区块上钻井,还需提供区块内注采井注气压力周期变化数据。

(2)储气库注采井一般采用定向井或丛式井。对自然增斜严重的地区,用一般的方法控制井斜角困难时,应利用地层自然造斜规律,移动地面井位,采用"中靶上环"的方法,使井底位置达到地质设计要求。

(3)考虑到储气库注采井特殊工况的要求,尽可能采用"储层专打"井身结构,并能有效地封隔油气水层,最大限度地保护储气层,防止对储气层造成伤害,保证注采井的单井高产。

(4)固井设计时要求水泥返至地面,盖层井段的水泥环厚度要大于油气田开发井的水泥环厚度,一般环空间隙不小于25.4mm,以利于保护储气层和提高注采井安全性能。

(5)完井设计时确保气层和井底之间具有最大渗流面积,减少气流进入井筒的流动阻力。

(6)生产套管不采用分级箍固井,特殊情况下可以采用尾管回接技术,原则上重叠井段要达到150~200m。技术套管可以采用分级箍固井。

(7)优选完井方式时需考虑井塌或产层出砂的可能,保障注采井长期稳定运行。

(8)在精细化地质描述和地层压力精确预测的基础上进行井身结构优化设计,立足两个专打(盖层和储层)、一个保护(储层)、一个保障(井筒完整性),确保储气库安全、高效、快速钻进。

二、井身结构

(一)国内储气库井身结构概况

合理的井身结构,就是按照地质设计要求,根据地质分层岩性剖面及地层孔隙压力、破裂压力和坍塌压力三条曲线,综合考虑当前工艺技术水平、钻井设备现状及施工能力等一系列因素,设计能满足地质、钻完井及注采气等作业工艺技术要求的井眼尺寸与套管程序。

确定储气库注采井的井身结构尺寸,一般根据注采气量的要求,由内向外依次进行。首先根据注采气量确定油管尺寸,之后确定生产套管尺寸,再确定下入生产套管的井眼尺寸;然后确定技术套管尺寸,再确定下入技术套管的井眼尺寸;最后确定表层套管尺寸,再确定下入表层套管的井眼尺寸。

国内气藏型储气库井身结构统计见表2-1-1,基本特点为:表层套管封堵地表的浅水层和复杂地层;技术套管封堵不同地层孔隙压力的层系或易塌易漏等复杂地层;三开盖层专打,以期解决盖层漏失问题,提高固井质量;四开储层专打,最大程度减少储层伤害,达到保护储层的目的。

表2-1-1 国内气藏型储气库井身结构统计表

储气库名称	井身结构	原则
新疆油田呼图壁储气库	四开 直井/水平井	一开封上部疏松地层; 二开封安集海河组以上正常压实地层; 三开封安集海河组高压地层; 四开紫泥泉子组储层专打
华北油田苏桥储气库	四开 定向井/水平井	一开封平原组松软地层; 二开封明化镇组上部松软地层; 三开封储层以上的沙河街组、石炭系—二叠系; 四开潜山目的层储层专打
辽河油田双6储气库	三开 定向井/水平井	一开封馆陶组砂岩、泥岩; 二开封储层以上地层; 三开兴隆台油层储层专打
大港油田板南储气库	三开 定向井/四开水平井	一开封平原组流沙及软土层; 二开封馆陶组砂岩、泥岩; 三开板Ⅰ、板Ⅲ、滨Ⅳ储层专打
西南油气田相国寺储气库	四开 定向井/水平井	一开封须家河组及嘉陵江组上部易漏层及嘉三段水层; 二开封嘉陵江组和飞仙关组低压层; 三开封储层上部的复杂层; 四开石炭系储层专打
长庆油田陕224储气库	四开水平井	一开封黄土、流沙层; 二开封砂泥岩混层和易漏层; 三开封易垮塌煤层; 四开奥陶系储层专打

为实现气库强注强采的调峰功能,在储气库井身结构优化的基础上进行套管程序设计,从而形成了套管程序设计技术。与常规油气藏开发井相比,管柱尺寸大,气藏储气库油管尺寸通常采用φ114.3mm,部分井增大到φ177.8mm,满足了大排量注采气的要求,部分井的井身结构示意图如图2-1-1至图2-1-3所示。

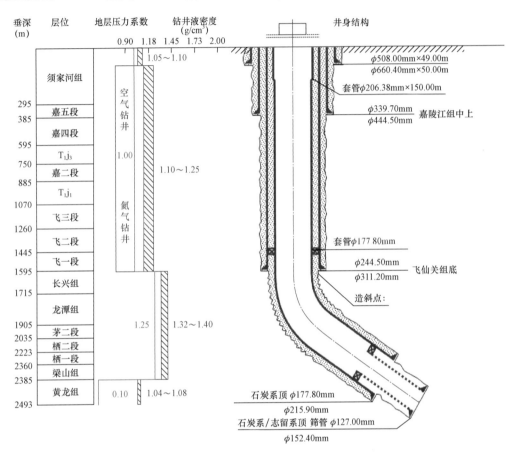

图2-1-1 西南油气田相国寺储气库井身结构示意图

优化的井身结构和套管程序,最大程度地解决了超深、低压和易漏难题,为各油田储气库井的安全高效钻进发挥了很好的保障作用。几个油田储气库注采井的钻井和完井周期如图2-1-4所示。

从图2-1-5可知,随着井身结构优化和相应配套技术的应用,新疆油田呼图壁储气库井的钻井周期和完井周期均大大降低,完井周期从最初的单井200天逐渐降低为后期的单井120天,完钻周期从最初的单井160天逐渐降低为后期的单井90天。

(二)已建储气库典型井身结构案例

目前国内已建储气库的井身结构设计原则、执行标准基本相同,但各自面对的地质条件不同、存在的技术难点也不尽相同,因此在具体设计中各具特色。其中苏桥储气库深度大、相国寺储气库井漏严重,比较具有代表性。

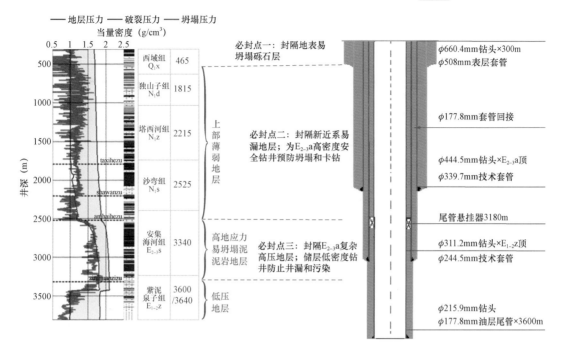

图 2-1-2　新疆油田呼图壁储气库井井身结构示意图

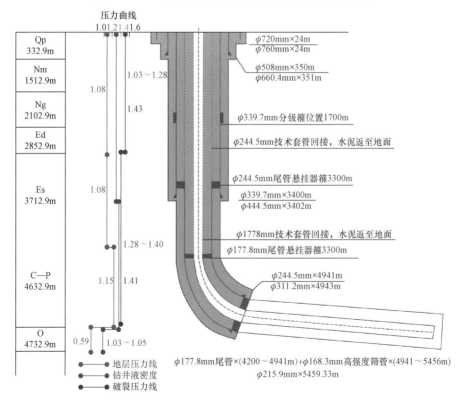

图 2-1-3　华北油田苏桥储气库井井身结构示意图

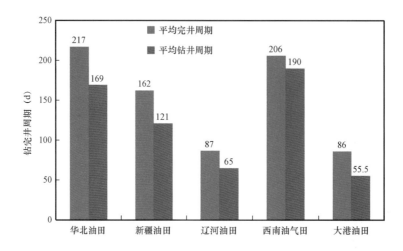

图 2 - 1 - 4　各油田储气库注采井平均钻完井周期统计图

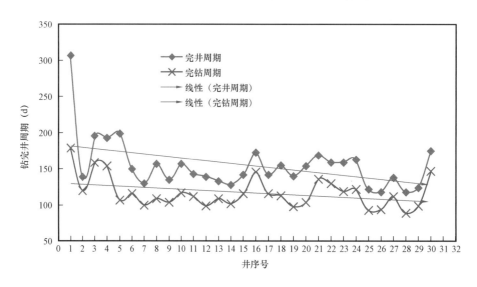

图 2 - 1 - 5　新疆油田呼图壁储气库井钻井/完井周期统计图

1. 苏桥储气库

1)地层层序

通过对建库区块地质情况调查,各地层主要岩性如下:

(1)第四系更新统平原组,底界 290.5~386m,平均厚约 325.08m。岩性:黏土及流砂。

(2)新近系上新统明化镇组,底界 1497.5~1685m,平均厚度 1226.92m。岩性:棕红色、浅黄色泥岩,夹浅灰色中砂岩及钙质团块泥岩。

(3)新近系上新统馆陶组,底界 1967~2125.5m,平均厚约 477.33m。岩性:上部以棕红色泥岩为主,间夹灰色、浅灰色砂岩;底部以杂色砂砾岩和砾岩为主,间夹薄层棕红色及浅灰绿色泥岩。

(4)古近系渐新统东营组,底界 2824.5~2885m,平均厚度 863.5m。岩性:上部以紫红色泥岩为主,夹浅灰色细砂岩,局部为泥岩与细砂岩互层;下部为灰色泥岩夹灰色中砂岩。

(5)古近系渐新统沙河街组,底界 3620~3820m,平均厚度约 800.5m。岩性:沙一段和沙二段为紫红色泥岩与浅灰色中砂岩互层,中部以浅灰色细砂、粉砂岩为主夹紫红色泥岩,底部以棕红色、浅灰色泥岩互层,间夹浅灰色细砂岩。沙三段上部以灰绿色玄武岩为主,间夹薄层泥岩,下部以杂色砂砾岩、砾岩与棕红色砂质泥岩互层。沙四段上部以厚层紫红色砂质泥岩为主,夹薄层浅灰色粉砂岩,局部为紫红泥与细砂互层,下部为细砂岩、杂色砾岩与薄层灰色砾岩夹紫红色泥岩,局部为厚层紫红色泥岩。

(6)上古生界石炭系—二叠系,底界 4464~4500m,平均厚度约 875.08m。岩性:上部紫红泥岩及杂色砾岩,中部为黑色碳质泥岩及煤层,夹薄层浅灰辉绿岩、灰绿色玄武岩、浅灰荧光砂岩、石灰岩,下部为深灰色泥岩,灰质泥岩、紫红铝土质泥岩、夹浅灰砂岩、石英砂岩、薄层白云质泥砂岩;底部与奥陶系不整合接触的灰白色铝土泥岩。

(7)下古生界奥陶系,底界 4500~5201m,平均厚度约 348.94m。岩性:主要为褐色、浅褐、灰褐色石灰岩夹白云岩及含泥灰岩、白云岩。由于泥质含量影响,石灰岩颜色有灰白色至深灰褐色,含泥质不均,泥质含量为 1.6%~11%。

2)地层测压情况

苏桥储气库建库区块试油测压情况及建库前测压情况见表 2-1-2 和表 2-1-3。

表 2-1-2　苏桥储气库建库区块试油测压情况

井号	井段(m)	测压日期	静压值(MPa)	压力梯度(MPa/100m)
X4 井	4467.94~4650.00	1983.8	46.86(终关井)	1.03
	4844.14~4870.00	1983.11	42.99(终关井)	0.89
	4807.82~4870.00	1983.11	37.60(终关井)	0.78
	4746~4870	1984.1	39.91(试油)	0.83
X402 井	4567.94~4700.00	1984.7	47.11(初关井)	1.02
X4-6 井	4849.00~4950.00	1988.8	48.19(初关井)	0.98
	4928.00~4936.00	1988.8	50.37(初关井)	1.02
	4814.00~4856.00	1989.6	46.78	0.97

表 2-1-3　苏桥储气库建库前测压情况

井号	井段(m)	测压日期	静压值(MPa)	压力梯度(MPa/100m)
X4	4464.0~4793.2	2002.12	37.09	0.80
		2003.6	36.35	0.79
X402	4634.4	2009.9	28.597	0.62
	4636.4	2010.4	27.575	0.59
X4-6	4699.0~4734.6	2004.3	35.72	0.76
X4-3	4611.8~4741.0	2006.1	35.08	0.75

3)破裂压力试验情况

苏桥储气库建库区块破裂压力试验情况见表 2-1-4。

表2-1-4　苏桥储气库建库区块破裂压力试验情况

井号	套管鞋深度(m)	钻井液密度(g/cm³)	破裂压力当量密度(g/cm³)	备注
X4-1井	3320.78	1.37	1.75	地层已破
X4-2井	3399.085	1.26	1.55	地层已破
X4-6井	3500.77	1.33	1.47	地层已破
X4-5X井	3324.76	1.31	1.52	地层已破
X4-3井	3429	1.30	1.51	地层未破
X4-14井	3255.72	1.32	1.79	地层已破
X4-9X井	195	1.05	1.549	地层已破

4）地层压力预测

苏桥储气库建库区块地层压力预测见表2-1-5和图2-1-6。

表2-1-5　苏桥储气库建库区块地层压力预测

地层	垂深(m)	孔隙压力当量密度(g/cm³)	坍塌压力当量密度(g/cm³)	破裂压力当量密度(g/cm³)
Ng	2000	0.95~1.08	0.90~1.00	>1.40
ED	2800	0.99~1.08	0.90~1.05	>1.43
Es	4200	0.96~1.08	0.91~1.23	>1.41
C—P	4530	1.04~1.15	0.91~1.25	>1.41
O	4720	0.59		

注：本区块地层经过深度对比校正，表中标注的地层深度为该区块标准地层深度。

5）定向井井身结构方案

共设计了三套井身结构方案，如图2-1-7所示。

（1）方案一优缺点。

优点：三开井段将孔隙压力较大差异的地层分开，一旦潜山钻进发生放空漏失也不会造成上部井壁垮塌钻具被埋等复杂事故，同时也为使用低密度钻井液钻开潜山储气层奠定基础；井眼尺寸小，有利于定向及轨迹控制；三开完钻后再回接φ177.8mm气密封套管至井口，解决的φ273.1mm套管磨损的问题；成本较低。

缺点：四开井段钻进时，采用φ149.2mm钻头及φ127mm+φ88.9mm复合钻具，钻井周期相对较长；四开钻进中会对φ177.8mm套管产生一定的磨损，一旦磨损比较严重，不能满足储气库强度要求时，必须采取补救措施，回接φ127mm尾管至φ177.8mm套管内，这样不仅会增加成本，而且会影响完井工具的选择，减小注采气量。

（2）方案二优缺点。与方案一井身结构基本相同，只是四开完井方式采用筛管完井方式，采用带封隔器的悬挂器，重叠段的套管不进行固井，加遇油、遇水膨胀封隔器。

由于邻井在奥陶系实钻过程中井壁存在垮塌，井径扩大率高达50%~120%。因此，对于四开潜山储气层，采用筛管完井方式，防止井壁垮塌，保证井下安全。

已钻井潜山地层实测井径情况如图2-1-8所示。

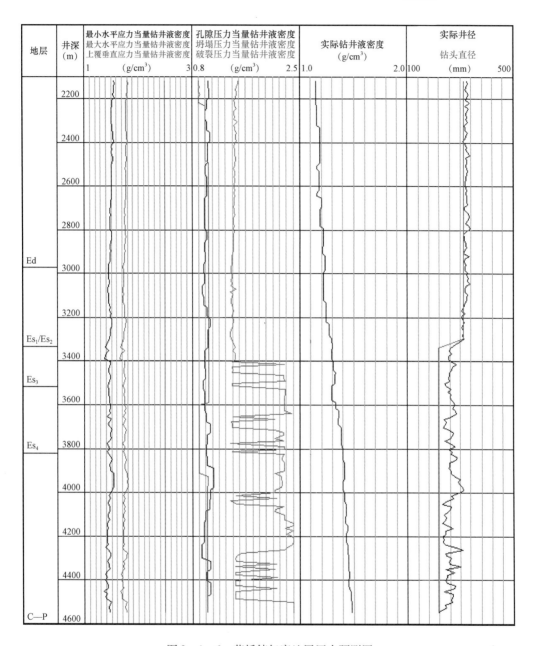

地层	井深 (m)	最小水平应力当量钻井液密度 最大水平应力当量钻井液密度 上覆垂直应力当量钻井液密度 1 (g/cm³) 3	孔隙压力当量钻井液密度 坍塌压力当量钻井液密度 破裂压力当量钻井液密度 0.8 (g/cm³) 2.5	实际钻井液密度 (g/cm³) 1.0 2.0	实际井径 钻头直径 100 (mm) 500
Ed	2200				
	2400				
	2600				
	2800				
	3000				
	3200				
Es₁/Es₂	3400				
Es₃	3600				
Es₄	3800				
	4000				
	4200				
	4400				
C—P	4600				

图 2 - 1 - 6 苏桥储气库地层压力预测图

（3）方案三优缺点。

优点：潜山井段采用 ϕ215.9mm 钻头钻进，下入 ϕ177.8mm 气密封套管 + ϕ168.3mm 筛管后再回接 ϕ177.8mm 至井口，固井质量易于保证；生产套管不存在磨损，有利于储气库注采井的安全。

缺点：二开、三开井眼大，井段长，机械钻速慢，建井周期长，费用较高。

通过方案的比较，经专家审核，对于定向注采井，采用方案二井身结构，优化四开完井设计去掉封隔器（图 2 - 1 - 9）。

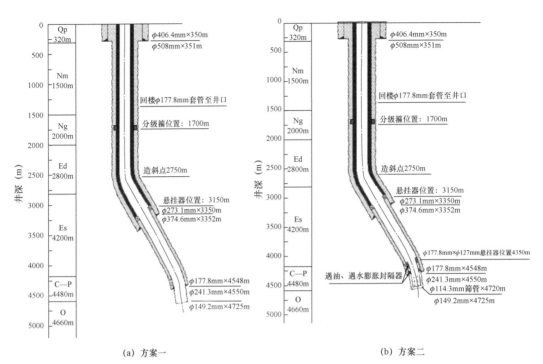

(a) 方案一　　　　　　　　　　　　　　　(b) 方案二

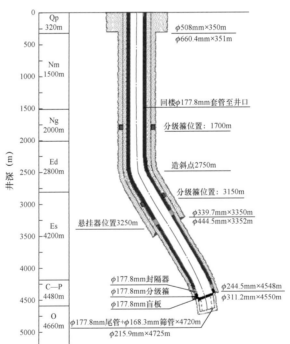

(c) 方案三

图 2-1-7　苏桥储气库建库区块定向注采井井身结构方案

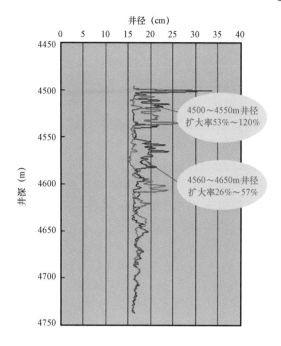

图 2 - 1 - 8 苏桥储气库建库区块潜山地层实测井径图

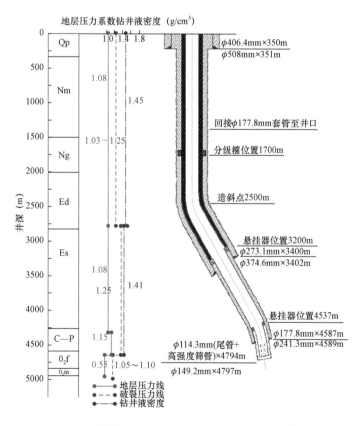

图 2 - 1 - 9 苏桥储气库建库区块定向注采井采用井身结构示意图

6)水平井井身结构方案

共设计了三套井身结构方案,对比三套方案如下:

(1)方案一优缺点。

优点:三开井段将孔隙压力较大差异的地层分开,一旦潜山钻进发生放空漏失也不会造成上部井壁跨塌钻具被埋等复杂事故,同时也为使用低密度钻井液钻开潜山储气层奠定基础;井眼尺寸小,有利于定向及轨迹控制;三开完钻后再回接 $\phi177.8$ mm 气密封套管至井口,解决了 $\phi273.1$ mm 套管磨损的问题;成本较低。

缺点:四开井段钻进时,采用 $\phi149.2$ mm 钻头及 $\phi127$ mm + $\phi88.9$ mm 复合钻具,钻井周期相对较长;四开钻进中会对 $\phi177.8$ mm 套管产生一定的磨损,一旦磨损比较严重,不能满足储气库强度要求时,必须采取补救措施,回接 $\phi127$ mm 尾管至 $\phi177.8$ mm 套管内,这样不仅会增加成本,而且会影响完井工具的选择,减小注采气量。

(2)方案二优缺点。

优点:潜山井段采用 $\phi215.9$ mm 钻头钻进,下入 $\phi177.8$ mm 气密封套管 + $\phi168.3$ mm 筛管后再回接 $\phi177.8$ mm 至井口,固井质量易于保证;生产套管不存在磨损,有利于储气库注采井的安全。

缺点:二开、三开井眼大,井段长,机械钻速慢,建井周期长,费用较高。

(3)方案三优缺点。

优点:除方案二优点外,针对三开 $\phi244.5$ mm 技术套管采用了回接的方式,降低了该段固井难度,进一步从工程的角度上降低盖层的固井难度。

通过方案的比较,经专家审核,对于水平注采井,采用方案三井身结构(图2-1-10)。

2. 相国寺储气库

相国寺构造已完成开发井37口,获得长兴组、茅口组、栖霞组和石炭系等四个气藏,其中茅口组和石炭系气藏经过多年开采,采空度已非常高;相国寺构造矿产资源十分丰富,以煤矿和石膏矿为主的矿场几乎布满整个背斜山脉;另外,相国寺构造地处重庆市北碚区,1997年被命名为国家级社会发展综合实验区和重庆市第一个山水园林城区,同时还是国家卫生区、国家环境保护模范城区[2]。

1)主要技术难点

通过对相国寺构造情况、周边环境、邻井实钻资料的调研分析(图2-1-11),认为新部署的相国寺地下储气库注采井存在的主要技术难点和风险有以下几点:

(1)地质结构复杂,实现地质目标有难度。

相国寺构造属于高陡构造,倾角变化大,断层多,加上井漏段多、段长,新部署的注采井采用定向井、大斜度井甚至水平井,定向作业有难度,地质目标实现有风险。

相国寺断层主要发育于地腹二叠系和三叠系,均为逆断层,走向与构造走向一致,为北东向。构造西翼主要有①号和②号断层;东翼主要有③号和④号断层。这些断层发生在两翼陡缓转折带,还派生一些中、小型断层,将背斜两翼切割成叠瓦状。

(2)龙潭组和梁山组易垮塌,井下有卡钻、埋钻具风险。

龙潭组以石灰岩和页岩为主,夹泥灰岩及玄武岩;梁山组上部为灰黑色页岩,中部为浅灰绿色铝土质泥岩,下部为灰黑色页岩夹薄煤层,底为灰黑色页岩,地层软硬交错,实钻中,均属易垮塌层。

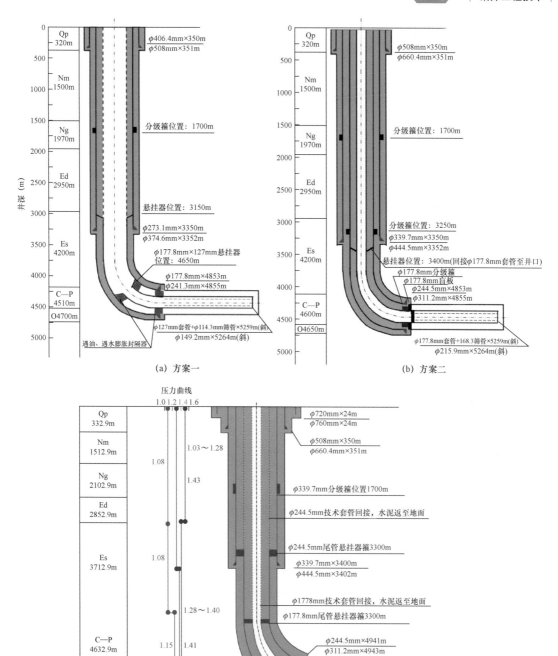

图 2 - 1 - 10 苏桥储气库建库区块水平注采井井身结构方案

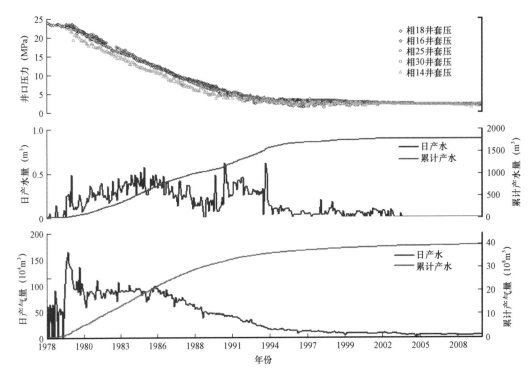

图2-1-11　相国寺储气库采出量与压力关系曲线图

（3）井漏严重，钻井施工和固井施工困难大。

长期受地下水的侵蚀，地层胶结差，裂缝、溶洞发育，井漏十分严重，承压能力低，是制约相国寺地下储气库注采井安全快速钻进的重要瓶颈之一。

（4）储气层亏空严重，储层保护难度大。

相国寺构造采空度非常高，地层孔隙中流体压力异常低，储气库储气层石炭系压力系数仅为0.1，钻井中出现井漏复杂的概率非常大，储层钻进时，保护难度大。

（5）钻遇地层多、差异大，钻井风险高。

相国寺构造地表到石炭系产层多，其中茅口组和石炭系气藏经过多年开采，地层流体压力系数低，而长兴组和栖霞组气藏相对开采程度要低些，在钻进中可能存在喷漏同存，井下复杂处理难度大，井控风险高。此外，库区内煤矿等矿业较多，也增大了钻井的安全风险。

（6）丛式井组中同场井井间距小，井眼防碰要求高。

相国寺储气库注采井共部署16口井，分7个井场部署。丛式井场采用直线型布井，设计井间距仅5~10m，加上老井，每个丛式井场需要布井2~4口，防碰难度大。

2）井身结构优化方案

相国寺构造前期以石炭系为目的层的开发井，其井身结构主要有两种方案：四开四完方案和三开三完方案。技术套管主要用于封隔嘉陵江组及以上严重井漏井段，生产套管一般下在茅口组，开发茅口组和石炭系两个气藏。

由于相国寺储气库地表环境已发生较大变化，位于国家卫生区和国家环境保护模范区的敏感区域，并且注采井周边布满了开采须家河组煤层的煤矿及开采嘉陵江组的石膏矿，钻井安全风险大。嘉陵江组—飞仙关组地层压力低;茅口组是相国寺构造开发井主要开采层,经过多年开采,目前地层压力异常低,且气藏的连通性非常好,一旦井眼轨迹进入该枯竭气藏,将可能发生严重的钻井液漏失情况。因此,若采用与开发井相同的井身结构不能满足储气库注采井的要求。有必要针对相国寺构造特点及储气库特殊要求,重新优化一套适合相国寺地下储气库注采井的井身结构(表 2 - 1 - 6)。

表 2 - 1 - 6 相国寺构造开发井井身结构统计表

井号	完钻井深(m)	表层套管(mm×m)	技术套管(mm×m)	生产套管(mm×m)	尾管(mm×m)
X8	4047.00	339.72×199.19	244.48×1195.74	177.8×3210.85	127.0×(3131.01~4027.15)
X25	2467.00	339.70×144.54	244.50×1063.3	177.8×2282.32	127×(0~2467)
X10	2550.00	339.70×23.61	244.50×676.33	177.8×2549.21	
X12	2652.00		244.50×1027.77	177.8×1999.40	127×(1841.89~2651.01)
X13	2626.00	339.73×121.28		177.8×2163.82	127.0×(2063.58~2626)
X14	2234.50		244.50×870.00	177.8×1954.00	127×(17795~2233)
X16	2301.35		244.50×838.88	177.8×1931.41	127×(1801.91~2301.35)
X18	2333.00		244.50×1000.00	177.8×1940	127×(1845~2330)
X30	2290.17		219.10×847.42	177.8×1874.95	127×(1767.95~2290.17)

(1)优化原则。

① 满足注采要求。

采用 φ114.3mm 油管完井的定向注采井,生产套管设计采用 φ177.8mm 套管或筛管。

采用 φ177.8mm 油管完井的水平注采井,生产套管设计采用 φ244.5mm 套管或筛管。

② 满足井下安全阀的下入。

根据中国石油勘探与生产分公司颁发的《中国石油气藏型储气库建设技术指导意见》,注采管柱中应配套下入井下安全阀。生产套管的选择及下深需考虑井下安全阀的外径尺寸及下入深度。

φ114.3mm - 35MPa 井下安全阀设计下深 80~100m。根据不同厂家产品,外径一般在 160mm 左右。因此,生产套管内径应在 170mm 以上,即井口下安全阀井段需要 φ206.4mm 套管方可满足,下深可控制在 150~200m。目前,国外井下工具公司研发了一种小外径井下安全阀,可以实现在 φ177.8mm 套管内顺利起下。

φ177.8mm - 35MPa 井下安全阀最大外径为 213mm,φ244.5mm 套管即可满足。

③ 确保井筒长期安全。

储气库使用寿命按 30~50 年设计,运行期间井筒要能承受频繁注气和采气交变载荷作用的影响。因此,为确保生产套管的固井质量,应采用悬挂回接固井方式,确保盖层以上井段水泥环固井质量优质段大于 25m;同时整个井段水泥浆返至地面,保障固井质量达到合格。

④ 满足安全钻井。

相国寺注采井周围布满煤矿及石膏矿,主要开采须三段煤矿。为防止施工过程中钻井液及地下流体进入附近煤矿坑道引发安全事故,表层套管下深需封隔须三段煤层底部以下不少于 100m。

（2）定向注采井井身结构设计方案。

① 井身结构设计。

结合相国寺储气库地理环境、构造地质特点、周边煤矿分布、完井需要以及储气库注采井基本要求，优化形成了相国寺储气库定向注采井井身结构方案（表2-1-7和表2-1-8，图2-1-12和图2-1-13）。

表2-1-7 相国寺储气库定向注采井井身结构方案（方案一）

开钻次序	钻头尺寸（mm）	套管尺寸（mm）	套管下入地层层位	环空水泥浆深（m）	固井方式
一开	660.4	508	须家河组	地面	普通
二开	444.5	339.7	嘉陵江组	地面	普通
三开	311.2	244.5	长兴组顶	地面	普通
四开	215.9	206.4+177.8	梁山组底（离底3m）	地面	尾管回接
五开	152.4	127	栖霞组—志留系		尾管悬挂

表2-1-8 相国寺储气库定向注采井井身结构方案（方案二）

开钻次序	钻头尺寸（mm）	套管尺寸（mm）	套管下入地层层位	环空水泥浆深（m）	固井方式
一开	660.4	508	须家河组	地面	普通
二开	444.5	339.7	嘉陵江组	地面	普通
三开	311.2	244.5	飞仙关组底	地面	普通
四开	215.9	206.4+177.8	石炭系顶（进入1m）	地面	尾管回接
五开	152.4	127	栖霞组—志留系		尾管悬挂

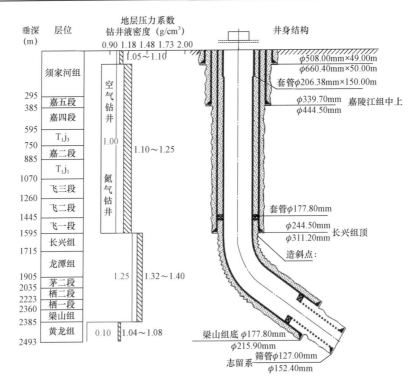

图2-1-12 相国寺储气库定向注采井井身结构方案示意图（方案一）

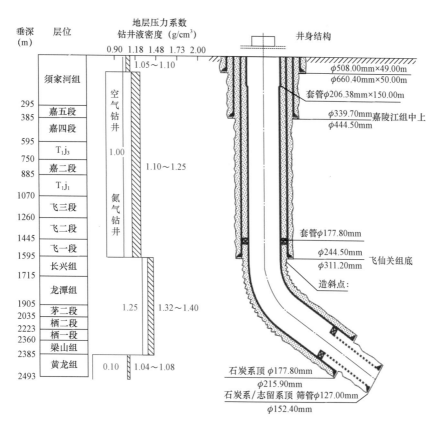

图2-1-13 相国寺储气库定向注采井井身结构方案示意图(方案二)

② 方案优选。

方案一优点:技术套管下至长兴组顶部,将上部井段的低压层段完全封隔;井眼进入石炭系低压易漏失地层后不会发生井漏,确保储层不被高密度钻井液封堵或伤害等;生产套管采用悬挂回接方式固井,确保盖层以上井段水泥环优质段大于25m,整个井段水泥浆返至地面,保障固井质量达到合格,保障储气库后期安全运行。

方案一缺点:长兴组在该构造上气显示频繁,多口注采井显示揭开长兴组即可能钻遇油气显示,而上部井段采用了氮气钻井,若钻头进入长兴组后将完全暴露长兴组顶部的产层,需耗费一定周期来处理该显示;梁山组在该构造为易垮塌层,将生产套管下至离梁山组底3m,存在储层钻进中因上部地层垮塌,引起井下复杂,盖层岩屑在生产过程中掉进储层,封堵储层通道,降低单井注采气量。

方案二优点:相国寺储气库飞仙关组底地层以石灰岩为主,地层岩性稳定,技术套管下至飞仙关组底部,避免大尺寸钻头采用氮气介质碰上长兴组顶部的气层;石炭系气藏虽然已枯竭,储层连通性好,缝洞发育,但裂缝属"微小毛毛缝",溶孔局部较密集,经过相储7井实钻证实,该段在钻井液密度为$1.45g/cm^3$范围内井漏情况仅渗透性漏失,相储22井实钻证实钻井液密度达到$1.80g/cm^3$左右井漏严重,漏速达到$29.40m^3/h$,测试显示清水漏失速度较快。因此,该套方案将生产套管下至石炭系储层顶部(套管进入石炭系顶1m),有利于储层专打,防止梁山组不稳定地层在生产过程中发生垮塌复杂,影响强注强采生产。

方案二缺点:四开采用钻井液钻进,进入石炭系后有渗透性漏失,会对储气层产生轻微伤害。

从上述两套方案的对比分析来看,方案二较方案一更有优势,井控压力小,对后期储气库运行影响小,唯一存在储气层伤害,但储气层为渗透性漏失,伤害带较浅,可以通过完钻后进行酸化改造处理。因此,方案二更适合相国寺储气库注采井工程的需要。

该方案可满足储层专打,完钻后采用 ϕ114.3mm 的油管完井。

(3)水平注采井井身结构设计方案。

① 井身结构设计。

结合相国寺储气库地理环境、构造地质特点、周边煤矿分布、完井需要以及储气库注采井基本要求,优化形成了相国寺储气库定向注采井井身结构方案(表2-1-9和表2-1-10,图2-1-14和图2-1-15)。

表2-1-9　相国寺储气库水平注采井井身结构方案(方案一)

开钻次序	钻头尺寸(mm)	套管尺寸(mm)	套管下入地层层位	环空水泥浆深(m)	固井方式
一开	914.4	762.0	须家河组	地面	普通
二开	660.4	508.0	嘉陵江组	地面	普通
三开	444.5	339.7	长兴组顶	地面	普通
四开	311.2	244.5	梁山组底(离底3m)	地面	尾管回接
五开	215.9	177.8	栖霞组—志留系		尾管悬挂

表2-1-10　相国寺储气库水平注采井井身结构方案(方案二)

开钻次序	钻头尺寸(mm)	套管尺寸(mm)	套管下入地层层位	环空水泥浆深(m)	固井方式
一开	914.4	762.0	须家河组	地面	普通
二开	660.4	508.0	嘉陵江组	地面	普通
三开	444.5	339.7	飞仙关组底	地面	普通
四开	311.2	244.5	石炭系顶(进入1m)	地面	尾管回接
五开	215.9	177.8	栖霞组—志留系		尾管悬挂

② 方案优选。

方案一优点:技术套管下至长兴组顶部,将上部井段的低压层段完全封隔。井眼进入石炭系低压易漏失地层后不会发生井漏复杂,确保储层不被高密度钻井液封堵或伤害等。生产套管采用悬挂回接方式固井,确保盖层以上井段水泥环优质段大于25m,整个井段水泥浆返至地面,保障固井质量达到合格,保障储气库后期安全运行。

方案一缺点:长兴组在该构造上气体显示频繁,多口注采井显示揭开长兴组即可能钻遇油气显示,表层套管强度较低,井控风险较大。为确保大尺寸套管入井,井眼轨迹要求造斜率适当要小一些,但该构造上长兴—栖霞组井段比较短,小的造斜率使地质目标难以实现。梁山组在该构造上为易垮塌层,将生产套管下至离梁山组底3m,存在储层钻进中因上部地层垮塌,引起井下复杂,盖层岩屑在生产过程中掉进储层,封堵储层通道,降低单井注采气量的弊端。

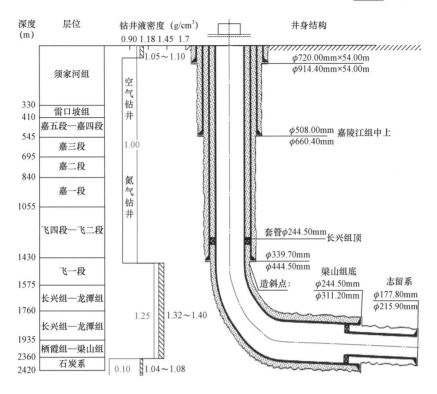

图 2-1-14 相国寺储气库水平注采井井身结构方案示意图（方案一）

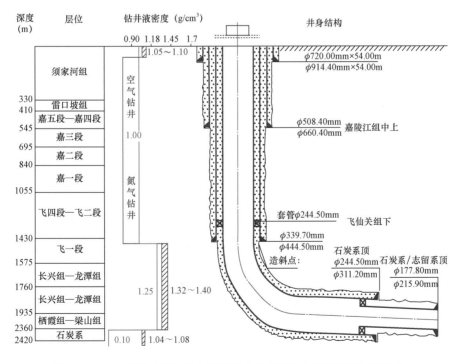

图 2-1-15 相国寺储气库水平注采井井身结构方案示意图（方案二）

方案二优点:相国寺储气库飞仙关组底以石灰岩为主,地层岩性稳定,技术套管下至飞仙关组底部,避免大尺寸井眼进入长兴组顶部气层,降低井控风险及处理时间。技术套管固井后,出套管鞋就可立即定向造斜,飞仙关组下部—栖霞组井段能基本满足长井段造斜,造斜率可控制在较小范围内,满足大尺寸套管的入井。石炭系气藏虽然已经枯竭,储层连通性好,缝洞发育,但裂缝属微小缝隙,溶孔局部较密集。经过相储 7 井实钻证实,该段在钻井液密度为 $1.45g/cm^3$ 范围内井漏情况仅渗透性漏失,相储 22 井实钻证实钻井液密度达到 $1.80g/cm^3$ 左右井漏严重,漏速达到 $29.40m^3/h$,测试显示清水漏失速度较快。因此,该套方案将生产套管下至石炭系储层顶部(套管进入石炭系顶 1m),有利于储层专打,防止梁山组不稳定地层在生产过程中发生垮塌复杂,有利于强注强采生产。

方案二缺点:四开采用钻井液钻进,进入石炭系后有渗透性漏失,会对储气层产生轻微伤害。

从上述两套方案的对比分析来看,方案二较方案一更有优势,井控压力小,对后期储气库运行影响小;造斜井段长,满足小狗腿度造斜、大尺寸套管顺利入井,实现地质目标有保障。唯一存在储气层伤害,但储气层为渗透性漏失,伤害带较浅,可以通过完钻后进行酸化改造处理。因此,方案二更适合相国寺储气库注采井工程的需要。

(4)注采井井眼设计优化。

$\phi152.4mm$ 井眼段:为确保储气库密封性,注采井采用储层专打。针对相国寺石炭系特性,储气库的注采井在石炭系储层段设计采用筛管满足防砂要求。由于采用 $\phi114.3mm$ 油管完井的注采井,可以采用 $\phi177.8mm$ 套管作为生产套管,$\phi177.8mm$ 套管内可以匹配的钻头有 $\phi152.4mm$ 钻头,因此,石炭系储层设计采用钻头直径 $\phi152.4mm$ 钻头,完钻后下 $\phi127mm$ 的筛管完井。完钻地层根据地质目标要求确定在石炭系或志留系顶。

$\phi215.9mm$ 井眼段:由于需要采用 $\phi114.3mm$ 油管完井的注采井,可以采用 $\phi177.8mm$ 以上套管作为生产套管。为确保固井质量,根据行业标准推荐及川渝地区成熟工艺的应用情况,优选了与 $\phi177.8mm$ 套管匹配的成熟井眼尺寸为 $\phi215.9mm$。为确保储气库的完整性和封闭性,设计 $\phi215.9mm$ 钻头钻至石炭系顶部。考虑石炭系储层垂厚仅 10m 左右,$\phi177.8mm$ 入石炭系顶 1m 即可(工艺控制有一定的难度)。相国寺构造石炭系储层垂深一般在 2100m 以内,区域上长兴组—栖霞组的气层含 H_2S 气体(相 6 井长兴组气藏 H_2S 含量为 $0.128mg/m^3$,茅口组气藏 H_2S 含量为 $0.020 \sim 3.168g/m^3$,栖霞组气藏 H_2S 含量为 $0.149g/m^3$)。石炭系气藏原生气 H_2S 含量为 $0.001 \sim 0.047g/m^3$,微含硫气藏,中卫—贵阳联络线进口气为净化气。因此,在材质上选用抗硫的 95 钢级的套管即可满足,选用 $TP-95S \times 11.51mm$ 的气密封螺纹套管,套管强度满足下入及后期储气库运行安全要求。为保障盖层及以上井段优质水泥环达到 25m 以上、水泥浆返至地面,全井固井质量合格率达到 70%,生产套管采用悬挂回接方式固井。

$\phi311.2mm$ 井眼段:根据行业标准推荐及川渝地区成熟工艺的应用情况,满足井眼尺寸为 $\phi215.9mm$ 的上层套管尺寸通常采用 $\phi244.5mm$ 套管,相应的井眼尺寸为 $\phi311.2mm$。相国寺储气库注采井根据其地层特点及地层流体压力设计 $\phi311.2mm$ 钻头钻至长兴组顶部,以封隔上部低压、严重井漏井段,为下步定向施工创造一个复杂情况相对少的井眼环境。虽然相国寺构造飞仙关组底部垂深一般为1500~1600m,但考虑下开次钻杆对套管的磨损作用,为保障井筒完整密封性,且下开次井段长兴组—栖霞组的气层含 H_2S 气体,因此,技术套管宜选用 TP-95S × 11.99mm 的厚壁、抗硫的气密封螺纹套管,套管强度满足下入及后期储气库运行安全要求。

$\phi444.5mm$ 井眼段:根据行业标准推荐及川渝地区成熟工艺的应用情况,满足井眼尺寸为 $\phi311.2mm$ 的上层套管尺寸通常采用 $\phi339.7mm$ 套管,相应的井眼尺寸为 $\phi444.5mm$。相国寺储气库注采井根据相国寺须家河组有煤层、井漏段,嘉陵江组和飞仙关组可能产浅层气,设计 $\phi444.5mm$ 钻头钻至嘉陵江组中上部,以封隔须家河组煤层及上部低压、井漏井段,为下步嘉陵江组及飞仙关组安全快速钻进提供环境。相国寺构造嘉陵江组中上部垂深一般为400~600m,选用 J55X10.92mm 的偏梯扣套管,套管强度能满足下入要求及封隔上部井段复杂情况。

$\phi660.4mm$ 井眼段:根据行业标准推荐及川渝地区成熟工艺的应用情况,满足井眼尺寸为 $\phi444.5mm$ 的上层套管尺寸通常采用 $\phi508mm$ 套管,相应的井眼尺寸为 $\phi660.4mm$。相国寺储气库注采井地表地层倾角大,胶结差,连通性好,存在于地表连通后产地下水,影响下次开钻,设计 $\phi660.4mm$ 钻头钻50~100m,下 $\phi508mm$ 套管封隔地表浮土层。选用 J55 × 11.3mm 的偏梯形螺纹套管,套管强度能满足下入要求。

三、井眼轨迹

井眼轨迹的设计需根据地质目标参数对造斜点、造斜率、井斜角和防碰措施进行优化,结合目前的钻完井施工技术水平进行合理设计。仅以相国寺储气库为例进行阐述。

(一) 概况

相国寺构造位于华蓥山大断裂东南部的一个次级背斜。受倾轴逆断层①号和③号断层所控制,形成"断垒型"狭长背斜,仅有一个高点,形态完整,两翼不对称,西陡东缓。区域内地表为山区地形,北高南低,地势较陡,地形高差起伏较大,喀斯特地貌分布较广,谷坡河岸多溶洞。因此,井场部署难度大,为减少井场占地面积,减少钻前投资,新部署注采井均采用丛式部署,一场多井;同时,为尽可能多地暴露储层面积,提高注采井注采速度,减少钻井井数,注采井采用了定向井和水平井两种井型。

多数井地下轨迹复杂(老井井眼轨迹防碰、地下煤矿采空区和巷道);大位移井不仅要避开断层,还需绕过地下低压漏失段,同时面对高陡构造地层层面正向钻探;高陡构造形变强烈,断层发育,两翼倾角变化大,薄储层厚度为10~12m,目的层石炭系顶底面受底超、顶蚀作用起伏不定。

通过三维构造精细解释及储层反演技术,对高陡狭长形构造及10m左右薄储层进行精细刻画,为优选注采井地质目标、个性化的靶区目标地质设计与实施过程跟踪奠定了基础。随后采取单井个性设计、多方位导向及实时跟踪分析,实现了井眼轨迹精准控制,首次实现了在西南高陡地质构造中(长轴22.5km,短轴1.2km,地层倾角30°)石炭系薄储层(仅8~10m)水平段穿行200m以上,并首次在17½in井眼定向避开了煤矿采空区,水平位移达1800m,有效攻克了钻井难题,确保了储气库井筒完整性和气库井的工程建设质量。

通过三维构造精细解释,在构造主体、翼部以及圈闭以外不同部位部署针对性地进行大斜度井、水平井和大位移井,开展个性化的靶区目标地质设计,成功钻井实施 11 口大斜度井和 2 口大尺寸水平井。

(二)技术难点

1. 地面受限

相国寺储气库注采井井场基本依靠对原有的开发井井场扩建而成。受地形限制,同场井井口间距较近,井场周围有众多煤矿,井场距离煤矿巷道 120~660m。由于地处高陡构造带,地表地层倾角为 5°~10°,实钻中井眼易倾斜。

2. 地下复杂

相国寺构造北部:上部须家河组为层状细—粗粒石英砂岩夹薄层黑色页岩、砂质泥岩及薄煤层,地层连通性好。嘉陵江组含溶洞,同场开发井钻井过程中多发生井漏无返,并偶有放空段,漏失清水量最高达 40625m³。根据地震及邻井实钻资料预测,下部下二叠统区域处于剖面高点附近及西翼下二叠统缝洞发育区,为早前开发井主要开采层位,经过多年开采,气藏采空程度非常高,目前地层压力系数已降至 0.2~0.3,属于异常低压地层。先导试验井相储 8 井在进入茅二段时钻遇了该缝洞发育区,井下发生恶性井漏,堵漏效果显示目前已有的各种常规堵漏措施在该区收效不大,且堵漏成本异常昂贵。处理由此带来的井下复杂及堵漏耽误钻井周期 80 天之久,且损失 100m 左右的造斜井段,导致后期定向作业陷入被动局面;根据川东地区已钻井资料显示,梁山组为易垮塌层位,尤其是斜厚超过 50~60m 以后,井眼发生垮塌概率非常大,且复杂处理难度大。

相国寺构造南部:上部地层出露层为自流井组,自流井组—嘉陵江组井段井漏较北部井漏情况少;④号断层向上断至三叠系嘉陵江组内;断层在平面上位于井口与靶区之间,根据《中国石油气藏型储气库建设技术指导意见》要求,井眼离断层距离需大于 100m 以上。

(三)井眼轨迹方案优化

北部注采井井口位于构造高点略偏西,入靶点 A 位于构造东翼,入靶点 A 到出靶点 B 为单斜地层,井眼轨迹顺层大位移穿越石炭系储层 50~150m 至石炭系底部出靶点 B 后完钻。相储 8 井和相储 3 井等为尽量多穿越储层,井眼轨迹到入靶点后拐弯穿越储层至出靶点,即井口与靶区在空间上是三维的(图 2-1-16)。

南部定向井地质目标靶区距离井口位置靶前距一般长达 1500m 左右。为满足储气库完井作业要求,南部储层段井斜角一般控制在 50°左右。

针对上述情况,考虑嘉陵江组及上部地层防漏提速钻井工艺、防止进入二叠统缝洞发育区、考虑梁山组在大斜度井斜条件下对井壁稳斜性的影响及进入石炭系后井眼轨迹满足顺层穿越石炭系储层所需井斜角等要求,对井眼轨迹方案进行了优化。

方案一:造斜点在茅口组顶,井眼轨迹剖面参数见表 2-1-11,连井剖面如图 2-1-17所示。

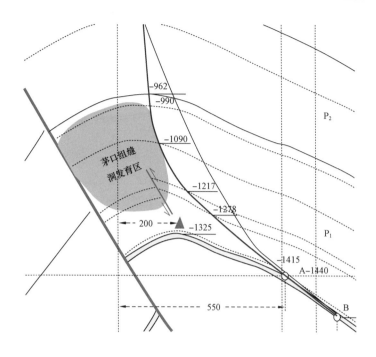

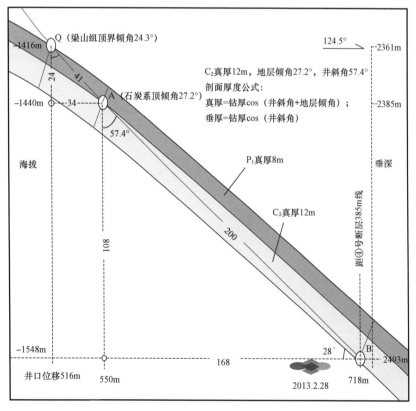

图 2－1－16　地质靶区图

表 2-1-11 相国寺储气库井眼轨迹剖面参数表(方案一)

测深 (m)	井斜 (°)	网格方位 (°)	垂深 (m)	北坐标 (m)	东坐标 (m)	狗腿度 [(°)/30m]	闭合距 (m)	闭合方位 (°)
1930.00	5.00	120.00	1924.84	-56.75	89.21	—	105.73	122.46
2206.50	50.00	125.00	2163.86	-127.19	191.73	4.88	230.08	123.56
2480.00	58.50	125.00	2323.50	-254.38	373.38	0.93	451.80	124.27
2546.25	57.87	125.00	2360.00	-279.93	406.64	—	493.68	124.54
2596.00	57.40	125.00	2385.06	-310.78	453.92	—	550.12	124.40
2796.00	57.40	125.00	2492.81	-407.42	591.94	—	718.60	124.54

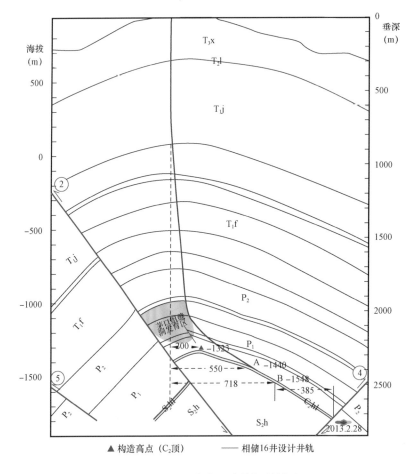

图 2-1-17 方案一连井解释剖面

方案二:造斜点在长兴组,井眼轨迹剖面参数见表 2-1-12,连井剖面如图 2-1-18 所示。

表 2 - 1 - 12 相国寺储气库井眼轨迹剖面参数表（方案二）

测深 (m)	井斜 (°)	网格方位 (°)	垂深 (m)	北坐标 (m)	东坐标 (m)	狗腿度 [(°)/30m]	闭合距 (m)	闭合方位 (°)
1630.00	4.00	120.00	1627.73	-33.29	48.57	—	58.88	124.43
1780.00	28.00	124.50	1770.87	-56.19	82.62	4.80	99.91	124.22
2030.00	28.00	124.50	1991.61	-122.66	179.34	—	217.28	124.37
2370.00	40.00	124.50	2272.97	-230.16	335.74	1.06	407.06	124.43
2485.00	58.40	124.50	2347.79	-279.25	407.18	4.80	493.74	124.44
2508.00	58.07	125.00	2360.00	-290.42	423.43	—	513.46	124.45
2555.00	57.40	124.50	2384.98	-312.84	456.05	—	553.04	124.45
2755.00	57.40	124.50	2492.74	-408.27	594.91	—	721.53	124.46

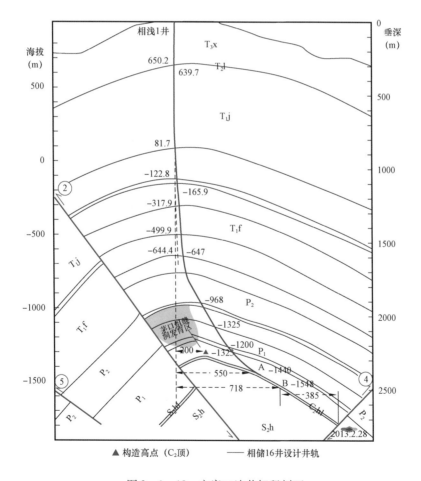

图 2 - 1 - 18 方案二连井解释剖面

从表 2 - 1 - 11 和表 2 - 1 - 12 可以看出:

方案一选择了最简单的井眼轨迹,定向作业段从茅口组顶部开始定向造斜,先用螺杆增斜,再用转盘微增斜钻进,降低下步稳斜井段长度,轨迹简单光滑,且梁山组钻厚长 50m,满足川东地区梁山组钻厚小于 60m 的施工要求。但是该方案经过剖面投影后显示,井眼轨迹要从下二叠统缝洞发育区边经过,实钻中很可能会引发严重的井漏复杂。鉴于该缝洞发育区连通性好,漏程长,一旦发生漏失,处理难度非常大,处理周期长,存在井漏引发井喷的重大风险。

方案二造斜段分为三次进行,螺杆增斜 + 转盘增斜 + 螺杆增斜,轨迹相对方案一复杂,控制井段长,操作难度大于方案一。通过剖面投影后发现,该方案虽然轨迹相对复杂,但是却可以完全避开茅口组的缝洞发育区,梁山组钻厚长 47m,从而节省处理复杂的作业时间,达到安全快速钻进目的。

综上考虑,相国寺北部大斜度井井眼轨迹方案选择方案二。另外,由于嘉陵江组及以上地层井漏严重,定向作业风险极大。因此,上部井段设计采用空气钻井工艺,边钻井边监测井眼轨迹情况,发现有井碰风险后立即停钻绕障。

四、钻井液

国内枯竭气藏型储气库普遍存在储层压力系数低、采空程度高等特点。在新钻注采井时,储气层的保护十分关键,必须尽可能减少钻井液滤液甚至钻井液进入储气层,防止井漏的发生,同时尽量减少固相颗粒堵塞喉道,提高渗透率恢复值,保证注采井能够达到最大的注采能力。除此之外,每个建库区块还存在自己的特点,例如新疆油田呼图壁储气库建库区存在近千米厚的泥岩盖层段,长庆油田储气库建库区存在大段煤层,西南油气田相国寺储气库建库区存在大量的煤矿采空区和巷道而且断层发育,华北油田苏桥储气库建库区以潜山灰岩微裂缝储层和泥沙岩储层为主,泥岩垮塌和砂岩漏失现象严重。

因此,储气库钻井液主要围绕以下因素进行优化设计:(1)钻井液的密度可根据井下情况和钻井工艺要求进行调整;(2)体系的抑制性、造壁性和封堵能力满足所钻地层要求;(3)体系与地层水的配伍性对地层中敏感性矿物的抑制能力满足所钻地层要求;(4)与储气层中液相的配伍性,体系不与地层水发生沉淀,不与油气发生乳化;(5)与储气层敏感性的配伍性;(6)按照储气层孔喉结构的特点,控制钻井液中固相的含量及其级配,减少钻井液固相粒子对储气层的伤害;(7)防止钻井液对钻具、套管的腐蚀;(8)对环境无污染或污染可以消除;(9)成本低,应用工艺简单[3]。

为最大限度地实现钻井过程中的储层保护,解决钻井过程中的复杂问题,国内各储气库建设时根据各自特点开发了一系列储层保护钻井液和承压堵漏产品,满足了枯竭气藏型储气库井钻井过程中储层保护和防漏堵漏的要求,达到了如下要求:(1)钻井液密度、抑制性、滤失造壁性和封堵能力满足所钻地层要求,保证了井壁稳定;(2)钻井液体系保持合理的级配,减少了钻井液固相颗粒对储层的伤害;(3)钻井液液相与地层配伍性好;(4)钻井液体系对黏土的水化作用具有较强的抑制能力;(5)具有相应的流变特性,保证了有效清洗井底,携带岩屑;(6)滤饼质量高,稳定井壁,防止井塌、井漏等井下复杂情况的发生。

华北油田苏桥储气库针对潜山灰岩微裂缝储层,研制出了适于中、深潜山携砂能力强,润滑性好,抗温达 150℃ 以上的无固相钻井液体系,室内实验效果好(图 2 - 1 - 19 和图 2 - 1 - 20),

解决了固相对储层伤害问题。针对砂泥岩储层,存在泥岩垮塌、砂岩漏失、压力低等问题,优选出聚铵强抑制屏蔽暂堵钻井液体系,室内砂床防漏实验效果明显(图 2 - 1 - 21),解决了砂岩储层伤害问题。

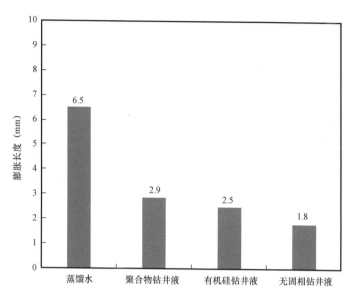

图 2 - 1 - 19　页岩膨胀试验结果

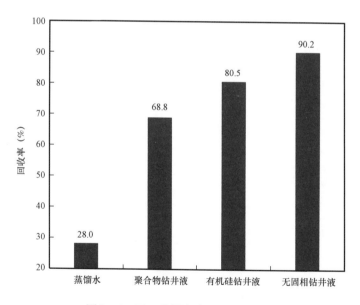

图 2 - 1 - 20　岩屑滚动回收实验结果

新疆油田呼图壁储气库研究采用了胺基钻井液体系,最大程度抑制了大多数活性泥页岩的水化膨胀与分散,有效解决了钻井过程中因岩土矿物水化出现的井壁失稳、钻头泥包、卡钻等问题,减小了井下复杂事故发生率,降低了钻井综合成本,目前已在三开极易水化的安集海河组井段开展了 20 余口井的现场应用。针对储层漏失严重的问题,研发出钾钙基双膜屏蔽钻

图 2 - 1 - 21　砂床防漏实验

井完井液体系,有效解决了储层漏失问题,最大限度地减少了储层伤害,实现了储层保护技术的提升,渗透率恢复值大于90%,见表2-1-13[4]。

表 2 - 1 - 13　钾钙基双膜屏蔽钻井完井液体系储层保护评价实验结果

钻井液体系	初始渗透率 (mD)	恢复渗透率 (mD)	渗透率恢复值 (%)
钾钙基聚磺钻井液体系	35.2	21.5	61
钾钙基双膜屏蔽钻井液体系	39.5	16.6	42
钾钙基聚磺双膜屏蔽钻井液体系切割后(1cm)	39.5	35.9	91
有机盐钻井液体系	40.3	30.2	75
HRD 钻井液体系	37.5	25.1	67
HRD + ABSN 钻井液体系	40.6	29.6	73
HRD + 双膜钻井液体系	44.2	37.6	85
HRD + 双膜 + ABSN 钻井液体系	39.7	36.1	91
HRD + 双膜 + ABSN 钻井液体系破胶后	39.7	37.7	95

　　长庆油田储气库针对大井眼(ϕ311.2mm)斜井段存在大段煤层、井壁极易坍塌的难点,研制了水基强抑制防塌钻井液体系(CQSP-1),坍塌周期由7天延长至15天,保证了大井眼段安全钻进,为煤系地层储气库大井眼安全钻进提供了借鉴。该钻井液体系性能指标与三磺钻井液体系相比优越性突出,6h线膨胀量为4.6mm,岩屑回收率高达96.8%,具体对比如图2-1-22所示。

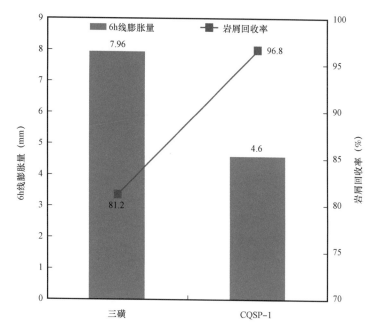

图 2 - 1 - 22　三磺与 CQSP - 1 钻井液体系性能对比

第二节　固井工程

　　目前,国内建成的气藏型储气库利用 3~4 个月的时间把储气库中的工作气量全部开采出来,利用 7~8 个月的时间将储气库注满达到设计库容。井筒因而承受的压力在最高、最低工作压力之间周期性变化。储气库的运行寿命设计为 30~50 年,一年至少完成一个注采循环。

　　储气库的运行特点决定了储气库注采井固井与常规采气井固井不同,需要承受周期性的压力变化。因此,对注采井固井质量提出较高要求,要求井筒能够承受注气与采气交变载荷的冲击,保持井筒的密封性能。由于同一储气构造上钻有多口注采井,某一口井固井质量出现问题将影响整个储气库的安全运行。而储气库注采井一旦发生窜气或泄漏等问题,安全风险高、处理难度大,因此应从源头抓好固井工作。

　　目前国内已建和在建储气库的储气层主要为碳酸盐岩地层和砂岩地层,普遍处于低压状况,给固井安全施工及固井质量保障带来了严峻挑战。经过不断探索和完善,在固井质量技术要求、水泥浆体系选择及性能要求、固井质量评价等方面取得了进步。

一、储气库固井的重要性

　　针对储气库运行工况,如何在较长年限内,确保承受周期性载荷的储气库安全运行是储气库建设的第一关键问题。据统计,世界上 75% 的地下储气库是利用油气藏改建而成的,影响此类储气库安全问题的风险因素很多,机理复杂。据 2009 年英国地质勘查局统计,2007 年前全球油气藏型地下储气库共发生重大事故 16 起,其中与固井质量直接相关的 4 起,占事故总数的 25%。由此可见,固井质量与储气库的长期安全运行直接相关。

要保证储气库注采井的长期安全运行,杜绝天然气泄漏事故的发生,必须高度重视储气库注采井的固井工作,保证套管柱的长期密封完整性及水泥环的长期密封完整性。因此,对于储气库注采井固井要达到以下要求:

(1)采用固井的各层套管水泥均返至地面。尾管回接后,水泥要求返至地面。

(2)套管柱气密封性好,一方面要保证套管柱本体、螺纹在复杂条件下的有效密封,另一方面要保证分级箍和悬挂器等固井工具的有效密封。

(3)水泥环致密、强度高、有韧性,在交变载荷下与地层和套管的力学性能匹配。

(4)水泥环与套管和井壁胶结好。

(5)若采用双密度固井,在上部井段可采用低密度水泥固井,但盖层顶部以上 800m 以内不采用低密度水泥浆固井。

二、储气库固井难点

对于目前国内已经建成的储气库,固井工程中存在的共性难点主要表现在以下几个方面:

(1)相对于常规固井,储气库注采井固井要求全井段封固。但是,储气层压力低,固井过程中易发生漏失,高性能低密度水泥浆配方设计及安全施工难点多。

油气田经过多年开采,储气层压力系数降低幅度较大,使得固井发生漏失的风险大大增加,固井作业时难以实现平衡压力固井,易发生漏失或气窜等复杂情况。如相国寺储气库,储气层为石炭系茅口组,经过多年开采压力系数已降为 0.1。国内其他储气库建库前储气层压力系数为 0.4 左右。

(2)注采井生产方式为强注强采,周期循环,容易产生微裂缝、微环空,普通水泥浆体系不能满足该工况下作业要求。

受储气库注采井运行特点的影响,固井水泥石承受交变应力作用,容易产生微裂缝、微环空,影响水泥石的长期密封性能,最终产生气窜和套管带压的风险。经过多年的开发和应用,研发的韧性水泥浆体系在储气库建设中应用效果显著。然而,随着储气库建库条件越来越复杂,比如华北油田苏桥储气库井深已经大于 5000m,对水泥浆的性能提出了更高的要求。

(3)多种复杂情况并存,固井施工综合难度大。

(4)采用水平井建设的储气库,井眼需要进行多次承压处理,井壁虚滤饼降低了固井水泥浆的顶替效率。

三、固井技术措施

储气库注采井固井技术措施主要包括优选韧性水泥浆体系、防漏失保证水泥浆返高和提高顶替效率三个方面,确保水泥环能够适应注采井压力周期性变化,具备长期层间封隔的能力。目前,在国内储气库固井中主要采用了以下技术措施:

(1)使用韧性水泥浆体系,提高水泥环抗交变应力的能力。

(2)盖层井段水泥浆密度控制在 $1.85 \sim 1.90 \mathrm{g/cm^3}$,保障储气库盖层的封固质量。

（3）采用高效冲洗前置液，提高钻井液顶替效率。顶替时尽量采用紊流顶替，同时改善固井前钻井液性能，降低其黏度，并于固井前循环2周左右，然后固井。

（4）技术套管采用分级注水泥技术。注水泥施工时，一级水泥凝固后再进行二级注水泥作业。为了实现两级注水泥时水泥浆交接面的胶结质量，水泥浆的注入量要有富余，打开分级箍循环时，要采用专用前置隔离液作为领浆进行顶替。

（5）生产套管固井，不采用分级注水泥技术，而采用尾管固井＋套管回接的工艺技术进行固井。

（6）长封固段固井时为了防止注水泥过程中发生漏失，水泥浆采用双密双凝水泥浆：下部采用常规密度水泥浆，上部采用低密度水泥浆。为了降低注水泥施工压力，顶替钻井液采用加重钻井液。

（7）优化设计扶正器的安放，保障套管的居中度。

（8）带回接筒的尾管悬挂器，采用双向卡瓦式或膨胀管式，确保注采期间尾管安全。

四、韧性水泥浆体系

韧性水泥浆体系是保证井筒气密封性能的关键。韧性水泥浆体系在同等应力状态下变形能力大于普通油井水泥，其主要力学特征表现为：杨氏模量明显低于普通油井水泥，而抗压强度、抗拉强度变化不大。根据《中国石油气藏型储气库建设技术指导意见》，储气库固井韧性水泥浆体系需满足的力学性能指标见表2-2-1。

表2-2-1 储气库固井韧性水泥浆体系力学性能指标

密度 （g/cm³）	48h 抗压强度 （MPa）	7d 抗压强度 （MPa）	7d 抗拉强度 （MPa）	7d 杨氏模量 （GPa）	7d 气体渗透率 （mD）	7d 线性膨胀率 （%）
1.90	≥16.0	≥28.0	≥2.3	≤6.0	≤0.05	0~0.2
1.80	≥15.0	≥26.0	≥2.2	≤5.5	≤0.05	0~0.2
1.70	≥14.0	≥24.0	≥2.0	≤5.0	≤0.05	0~0.2
1.60	≥12.0	≥22.0	≥1.8	≤4.5	≤0.05	0~0.2
1.50	≥10.0	≥20.0	≥1.7	≤4.0	≤0.05	0~0.2
1.40	≥8.0	≥18.0	≥1.5	≤3.5	≤0.05	0~0.2
1.30	≥7.0	≥16.0	≥1.3	≤3.0	≤0.05	0~0.2

（一）韧性水泥浆开发的技术难点

韧性水泥浆开发的技术关键是优选综合性能好的增韧材料，合适的增韧材料选择需要解决以下3个问题：

（1）增加水泥石韧性与抗压强度之间的矛盾。增加韧性材料的加量，有利于降低水泥石的杨氏模量，但同时也会降低水泥石的抗压强度。

（2）韧性水泥与安全施工之间的矛盾。韧性材料加量少时水泥石的韧性程度有限；加入多时，会影响注水泥时水泥浆密度的均匀性及浆体的顺利泵入。

（3）外加剂与增韧材料配伍性之间的矛盾。水泥外加剂要与增韧材料配伍性好，水泥浆浆体稳定性好,水泥石体积不收缩,早期强度发展快,并有长期的强度稳定性,否则会影响浆体、水泥石及水泥石的密封性能。

(二)韧性水泥浆体系开发技术方案及主要性能

1. 水泥石韧性改造方案

开发的韧性水泥浆体系既要能保证施工安全,又要保证短期(24～72h)及长期的固井质量,水泥石要达到高抗压强度、低弹性模量、强抗冲击性,且与地层岩性相适应。

为满足上述要求,经过研究攻关、现场实践,设计了韧性水泥浆体系,主要由增韧材料、超细活性材料及配套外加剂组成。增韧材料主要用来提高水泥石的韧性,增韧材料和水泥浆具有良好的配伍性,与其他外加剂体系兼容;在水泥浆中加入超细活性材料可以提高水泥浆的悬浮稳定性,提高水泥石中的固相含量及抗压强度,提高水泥浆的综合性能。在此基础上,根据具体的井况对水泥浆、水泥石的性能进行具体调整,既满足安全施工的需要,又满足对环空封隔及长期交变载荷条件下安全运行的需要。

2. 增韧材料研制

1)增韧材料优选原则

韧性水泥浆使用时,首先要选择合适的理想的增韧材料。由于水泥石内部存在一定的孔隙,增韧材料颗粒的掺入充填在孔隙处,形成桥接并抑制了缝隙的发展。当外界作用力作用在水泥石上时,增韧材料利用自身的低弹性模量特性,降低外界作用力的传递系数,减弱外界作用力对水泥石基体的破坏力,达到保护水泥石力学完整性的目的。

理想的增韧材料应具备的性能及粒度要求:

(1)与水泥浆具有良好的亲和性,即溶于水泥浆体系;

(2)良好的弹塑性性能,即增强水泥石的弹性性能,不破坏其他性能;

(3)良好的耐温耐碱性能;

(4)良好的粒度分布,即能均匀分散在水泥浆体系中;

(5)与水泥浆配套外加剂配伍,无副作用。

国内的主要增韧材料有以下几种:丁基橡胶、丁腈橡胶、氯丁橡胶、氟橡胶、硅橡胶、苯丙乳胶、丁苯胶乳等。确定合适的增韧材料,一方面要确定综合性能好的韧性材料,另一方面要确定合理的粒径。粒度优选原则见表2-2-2。

表2-2-2 增韧材料粒度优选原则

增韧材料粒度(目)	配浆过程	浆体稳定性
20	良好	增韧材料上浮
30	良好	增韧材料略有上浮
40	良好	浆体稳定
60	较好	浆体稳定
80	配浆困难	浆体稳定

根据以上原则,通过深入持续研究,在室内进行了大量实验研究,开发了 5 种水泥石增韧材料,最高使用温度可达 200℃,水泥石弹性模量较常规水泥石降低 20% ~40%。

(1)中温增韧材料适应温度 30 ~120℃,耐强碱性(pH 值为 11 ~14),与水泥浆外加剂配伍性好,对水泥浆稠化时间影响小,与水泥石基体相容性好。

(2)高温增韧材料适应温度 90 ~200℃,耐强碱性(pH 值为 11 ~14),与水泥浆外加剂配伍性好,对水泥浆稠化时间影响小,与水泥石基体相容性好。

(3)低密度韧性水泥浆体系稠化时间可调性好,温差范围内抗压强度不低于10MPa/48h,弹性模量不大于4GPa/7d,渗透率不大于0.05mD,线性膨胀率大于0。

(4)常规密度韧性水泥浆体系稠化时间可调性好,温差范围内抗压强度不低于16MPa/48h,弹性模量不大于6GPa/7d,渗透率不大于0.05mD,线性膨胀率大于0。

2)增韧材料性能

(1)胶乳 DRT – 100L 与乳胶粉 DRT – 100S。

不同围压条件下,纯水泥石与胶乳水泥石力学性能评价见表 2 – 2 – 3。表明胶乳水泥石能起到一定的防窜和增韧的作用。在温度低于 120℃时,乳胶粉能保持较好的弹性,并能起到一定的填充作用;而胶乳在高温下依然有较高的性能,故考虑在中低温条件下使用乳胶粉 DRT – 100S,在高温下使用胶乳 DRT – 100L,提高水泥浆的防窜与增韧性能。

表 2 – 2 – 3　不同围压条件下水泥石力学性能评价

类别	长度(mm)	直径(mm)	围压(MPa)	弹性模量(GPa)	最大轴向应力(MPa)	实验后状态
纯水泥石	50.50	24.89	0.1	7.90	30.08	破坏
	50.29	24.89	20	5.4	58.28	未破坏
	49.86	24.82	40	3.7	52.28	未破坏
胶乳水泥石	51.10	25.02	0.1	5.0	20.71	破坏
	51.21	25.02	20	3.7	39.55	未破坏
	51.036	24.94	40	2.7	33.72	未破坏

(2)增韧材料 DRE – 100S 和 DRE – 200S。

增韧材料 DRE – 100S 和 DRE – 200S 都是利用橡胶颗粒填充来降低水泥石的脆性。DRE – 100S的"拉筋"作用能很好地阻止裂缝发展,自身具有较好的弹性;DRE – 200S 材料本身抗高温性能强。因此,考虑在中低温条件下使用 DRE – 100S,在高温条件下使用DRE – 200S,对水泥石进行韧性改造。

纯水泥石与加入 DRE – 100S 水泥石破坏后碎裂状态对比可以看出,在水泥石中DRE – 100S的存在会使水泥石的脆性降低,水泥石遭到破坏后裂而不碎(图 2 – 2 – 1)。这是由于 DRE – 100S 分散在水泥石中吸收应力对裂纹尖端起到止裂作用,同时,由于自身具有较高弹性,对已产生的裂纹起到"拉筋"作用。

研发的韧性水泥浆性能指标达到了国外类似产品的性能(表 2 – 2 – 4)。

(a)   (b)

图 2 - 2 - 1　纯水泥石(a)与加有 DRE - 100S(b)的水泥石破坏状态

表 2 - 2 - 4　国内与国外公司韧性水泥浆性能对比

关键技术指标	国内	国外
使用温度(℃)	200	250
韧性水泥弹性模量较常规水泥石降低率(%)	20 ~ 50	30 ~ 50
膨胀率(%)	0 ~ 2	0 ~ 2
水泥浆密度(g/cm³)	1.5 ~ 2.5	1.2 ~ 2.2

3. 降失水剂优选

目前,国内常用的降失水剂按降失水机理可分为两类:一类是超细固体颗粒材料,另一类是水溶性高分子材料。针对枯竭气藏型储气库井的固井要求,综合考虑降失水剂的效果、敏感性、适应性等因素,最终选用 PVA 类降失水剂 DRF - 300S 和 AMPS 类降失水剂 DRF - 120L 作为配套的降失水剂比较适合。

降失水剂 DRF - 300S 降失水性能优异,加量在 2.0%(用量占水泥用量的比)以上可以控制 API 失水量在 50mL 以内,能很好地满足固井的要求,且对抗压强度和稠化时间影响较小,能有效提高水泥浆的稳定性,具体指标见表 2 - 2 - 5。降失水剂 DRF - 120L 的特点是在高温下依然能控制水泥浆 API 失水量在 100mL 以内,但在低温下有一定的缓凝性,因此可考虑配合其他外加剂,在高温下使用 DRF - 120L 调节水泥浆的失水量。

表 2 - 2 - 5　降失水剂 DRF - 300S 对水泥浆的性能影响

温度(℃)	DRF - 300S 加量(%)	水灰比	稠化时间(min)	抗压强度(MPa/24h)
50	0	0.44	118	17.4
	1.2	0.44	142	17.6
	1.6	0.44	145	18.0
	2.0	0.44	146	18.1
	2.5	0.44	152	17.9

温度(℃)	DRF-300S 加量(%)	水灰比	稠化时间(min)	抗压强度(MPa/24h)
	0	0.44	90	20.1
	1.2	0.44	118	21.2
70	1.6	0.44	114	21.5
	2.0	0.44	120	20.8
	2.5	0.44	127	21.0

由表2-2-5可以看出,在50~70℃,加入DRF-300S对水泥浆稠化时间的影响较小,对水泥石的强度发展几乎没有影响。

(三)现场应用效果

开发的韧性水泥浆体系,配合高性能冲洗隔离液、提高顶替效率、防窜防漏及平衡压力固井配套措施,在苏桥储气库、板南储气库和长庆油田储气库等现场成功应用26井次,固井质量全部合格,盖层连续优质段均超过25m,为储气库的长期运行奠定了基础。

1. 苏桥储气库 φ177.8mm 尾管固井应用的水泥浆体系

1)领浆配方及性能

领浆配方为:油井水泥 + 8%微硅 + 10%石英砂 + 10%玻璃微珠 + 10.7%胶乳防窜剂 DRT-100L + 1.6%调节剂 DRT-100LT + 3.56%降失水剂 DRF-120L + 2%缓凝剂 DRH-100L + 0.8%稳定剂 DRY-S2 + 0.53%分散剂 DRS-1S + 0.5%消泡剂 DRX-1L + 0.5%抑泡剂 DRX-2L + 57.8%水。

稠化时间试验条件:115℃。

水泥浆密度:1.55g/m³。

稠化时间:265min。

失水量:42mL。

2)尾浆配方及性能

尾浆配方为:油井水泥 + 3%微硅 + 35%石英砂 + 8%胶乳防窜剂 DRT-100L + 1.2%调节剂 DRT-100LT + 3%降失水剂 DRF-120L + 0.2%分散剂 DRS-1S + 0.3%稳定剂 DRY-S2 + 0.5%消泡剂 DRX-1L + 0.5%抑泡剂 DRX-2L + 44.67%水。

稠化时间试验条件:115℃。

水泥浆密度:1.90g/m³。

稠化时间:125min。

失水量:40mL。

2. 板南储气库 φ177.8mm 尾管固井应用的水泥浆体系

1)领浆配方及性能

领浆配方为:华银G级油井水泥 + 16%石英砂 + 5%微硅 + 8%胶乳粉 DRT-100S + 4%增韧材料 DRE-100S + 2%降失水剂 DRF-300S + 0.7%缓凝剂 DRH-100L + 0.4%分散剂 DRS-1S + 60%水。

实验条件:79℃×36MPa×30min。

稠化时间:285min/50Bc。

失水量:28mL。

2)尾浆配方及性能

尾浆配方为:华银 G 级高抗硫油井水泥 + 16% 石英砂 + 5% 微硅 + 8% 乳胶粉 DRT－100S＋10%增韧材料 DRE－100S＋2%降失水剂 DRF－300S＋0.7%分散剂 DRS－1S＋1.5% 早强剂 DRA－1S＋60% 水。

实验条件:79℃×36MPa×30min。

稠化时间:131min/50Bc。

失水量:28mL。

五、固井配套工艺技术

(一)吸水树脂复合凝胶堵漏技术

研发了吸水树脂复合凝胶承压堵漏材料,在桥堵的基础上加入该承压堵漏材料,形成了提高地层承压能力的吸水树脂复合凝胶堵漏技术。吸水树脂复合凝胶承压堵漏材料抗温175℃,攻克了低压高渗透地层漏失难题,实现了压差高达 30MPa 苛刻工况下的安全钻井。

1. 技术特点

复合凝胶堵漏技术是在桥堵的基础上加入复合凝胶形成的新型堵漏技术,由复合凝胶与桥塞堵漏材料复配而成。利用凝胶聚合物的弹性变形特性,来适应漏层的不同缝洞孔喉大小,保证堵漏材料能进入漏层并能驻留。它具有弹性高、强度大和抗温好的特点,能提供较高的膨胀堵塞强度,堵漏成功率和承压能力大大提高,对裂缝、孔道漏失都有很好的堵漏效果。提高地层承压能力的吸水树脂复合凝胶堵漏技术具有以下特点:

(1)针对不同的漏失通道适应性强,复合凝胶的良好韧性和变形性,提高了堵漏剂对漏失通道的匹配能力,能挤入不同的漏失通道内。

(2)堵漏强度高,复合凝胶中的膨胀性聚合物产生膨胀堵塞,其中的胶结剂将膨胀性聚合物、骨架材料、填充材料和地层很好地胶结成一个整体,进一步提高承压能力。

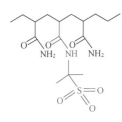

图 2－2－2 堵漏材料
分子结构设计

(3)堵漏材料能够根据漏失通道及漏速加工成不同粒径,满足不同漏失孔道的封堵,现场适应性强,可直接加入钻井液中用于堵漏。

2. 堵漏材料的结构设计

基于大量文献分析堵漏机理,形成堵漏材料合成路线。利用—SO_3—基团使堵漏材料具有较强的弹性变形能力,引入—Si—C—Si—结构为堵漏材料提供更高的强度,分子结构设计中控制水化和吸附基团比例以控制材料的膨胀速率,增强链刚性保护吸附基团以提高堵漏材料的耐温性能(图 2－2－2)。

3. 堵漏材料的研发

将定量的无机填料依次加入捏合机中,搅拌使其均匀,然后依次加入单体水溶液、交联剂水溶液、引发剂水溶液,搅拌速率控制在 50r/min,在 60℃ 反应 30min,停止反应。将所得的产物取出并切割成小块放入干燥箱中,于 120℃ 烘干后即得产品。根据不同的要求,可利用粉碎机将产品粉碎成一系列不同粒径的样品(图 2 - 2 - 3)。

图 2 - 2 - 3 加工成不同粒径的样品

试验测试 175℃ 堵漏剂封堵能力,模拟大、中、小漏失地层堵漏,150℃ 下承压均达 20MPa(图 2 - 2 - 4 和图 2 - 2 - 5)。

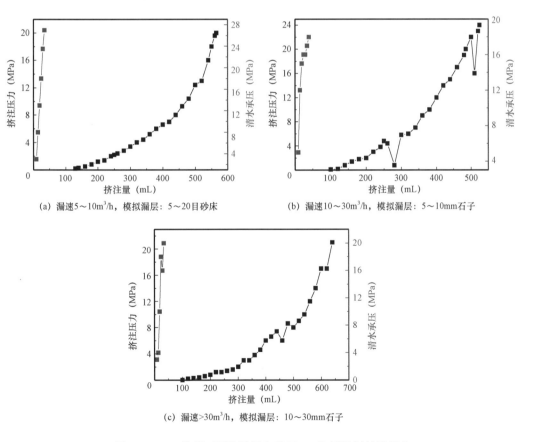

(a) 漏速5~10m³/h,模拟漏层:5~20目砂床

(b) 漏速10~30m³/h,模拟漏层:5~10mm石子

(c) 漏速>30m³/h,模拟漏层:10~30mm石子

图 2 - 2 - 4 模拟不同孔隙漏失特征 175℃ 堵漏剂封堵能力

图 2 - 2 - 5　堵漏材料吸收后的挤压图与拉伸图

该技术与传统桥塞堵漏剂相比,作业后地层承压能力大幅度提升,为储气库固井前承压堵漏施工提供了强有力的技术支撑。

(二)提高顶替效率的技术体系

合理运用顶替技术提高顶替效率,对于获得良好固井质量至关重要。套管居中、井径规则程度、液体流变性能差异、顶替流态与接触时间、水泥浆密度均匀性、钻井液调整结果等都会不同程度地影响顶替效率。

为提高注采井固井顶替效率,开发了 2 种隔离液悬浮剂(悬浮剂 DRY - S1、高温悬浮剂 DRY - S2)、1 种油基钻井液清洗液(DRY - 100L 油基清洗液)、1 种隔离液加重材料(DRW - 2S加重剂),形成了 DRY 高性能冲洗隔离液体系。该体系与钻井液及水泥浆具有良好的相容性,兼有冲洗液和隔离液的双重作用。可在较短的时间内,实现良好的冲洗和顶替,冲洗效率提高 1 倍以上,为保证储气库井的固井质量奠定了基础,并成功在苏桥储气库、板南储气库和长庆油田储气库中进行了应用。

1. 油基清洗液(DRY - 100L)

1)乳化冲洗作用

由于 DRY - 100L 中含有表面活性剂分子,具有亲水、亲油分子结构,其中亲油基主要是长链烃基(如直链烷基、硅氧烷基等)组成,而亲水基主要是由羧基(—COOH)、磺酸基(—SO₃H)、羟基(—OH)等组成。由于表面活性剂的亲油端可对钻井液中的"油"相分子链产生分子间力、亲和力,因而表面活性剂的亲油基(即非极性基团)对钻井液中的有机高分子链或油基成分(如沥青、柴油、重油等),形成定向吸附排列于表面,"包裹"着油相,迅速卷缩形成乳状胶束,同时表面活性剂的另一头亲水基(极性基团)伸向水相,把胶束"拉"入水中,而产生润湿、乳化亲水增溶作用,形成水包油状胶束分散悬浮于冲洗液中的水相中。

2)渗透作用

DRY - 100L 清洗液成分中的有机溶剂具有既可与水亲和,又能与油相容的能力。相对于表面活性剂,它的分子链较短,分子量较小(如酮类、醛类或醇类等)。通过配合水作为介质,可迅速与钻井液中"油相"的烃链分子形成分子间力,降低界面张力,对界面上的油膜有非常强的浸透力,再配合表面活性剂的乳化增溶作用,可大大加快界面上钻井液和滤饼的溶解分离。

DRY-100L能在较短的时间内将界面上的油基钻井液冲洗干净,不仅对界面上的油膜能产生较强的渗透冲洗力,而且能增加界面胶结亲和程度,并能保证冲洗液与油基钻井液的相容性。同时,DRY-100L清洗液还能配合悬浮剂和加重材料,形成加重冲洗隔离液体系。

2. 隔离液加重材料(DRW-2S)

加重材料的种类有很多种,但由于普通加重材料的加工工艺不同,其颗粒的形状也有所不同。圆度较高的颗粒悬浮能力较好,但对界面冲刷力不强。为此改进加工工艺,通过特殊工艺技术措施,研制了一种颗粒形状(150目)呈不规则棱形加重材料。在冲洗隔离液体系中,在流动过程中,通过颗粒碰撞,增大颗粒棱形边角的作用力,配合冲洗隔离液体系中的其他成分,会极大地增强冲洗隔离液对井下环空界面的剪应力,提高冲刷和顶替能力,达到瞬时有效冲洗和顶替的效果。

取苏桥储气库现场钻井液(密度1.48g/cm³)用六速旋转流变仪进行室内模拟冲洗评价实验,分别用清水、未加重冲洗液和加重密度为1.50g/cm³的冲洗隔离液进行对比实验(表2-2-6)。

表2-2-6 冲洗评价实验结果

冲洗时间	清水	冲洗隔离液	加重冲洗隔离液
1min	未净	未净	未净
1min30s	未净	未净	冲洗干净
2min30s	未净	冲洗干净	
3min20s	冲洗干净		

评价结果表明:钻井液用清水的冲净时间为3min20s,未加重冲洗隔离液冲净时间为2min30s,加重冲洗隔离液的冲净时间为1min30s。说明采用加重冲洗隔离液可在较短的时间内,实现井下环空界面的冲洗和顶替。

3. 高性能冲洗隔离液(DRY)

1)稳定性实验

对于隔离液体系来说,较为重要的评价指标就是体系的悬浮稳定性,同时这也是该项技术的难点之一。如果稳定性不好,隔离液就会出现分层现象,容易形成环空堵塞,造成注替困难,且不能达到有效隔离、压稳和顶替的效果,对现场施工及固井质量造成不良影响。

对密度在1.10~2.40g/cm³范围内,隔离液的沉降稳定性进行评价实验,沉降稳定性是指配置的隔离液24h上下密度差。实验结果表明,冲洗隔离液体系在常温及加热条件下冲洗隔离液上下密度差均在0.02g/cm³以内。体系具有黏度低,沉降稳定性好的特点。具体实验结果见表2-2-7。

表 2 - 2 - 7 DRY 冲洗隔离液流变性及稳定性实验数据表(150℃养护冷却至常温)

序号	隔离液密度(g/cm³)	流变指数 n	黏度(Pa·s)	沉降稳定性(g/cm³)
1	1.10	0.630	0.282	≤0.02
2	1.20	0.540	0.510	≤0.02
3	1.30	0.546	0.527	≤0.02
4	1.40	0.523	0.628	≤0.02
5	1.50	0.529	0.643	≤0.02
6	1.60	0.508	0.751	≤0.02
7	1.70	0.534	0.658	≤0.02
8	1.80	0.539	0.674	≤0.02
9	1.90	0.497	0.878	≤0.02
10	2.00	0.503	0.889	≤0.02
11	2.10	0.534	0.823	≤0.02
12	2.20	0.521	0.934	≤0.02
13	2.30	0.525	0.949	≤0.02
14	2.40	0.527	0.956	≤0.02

2)相容性实验

为了保证固井施工的安全性,对冲洗隔离液与井下相邻浆体间的相容性进行实验评价。实验结果见表 2 - 2 - 8 和表 2 - 2 - 9。

领浆配方:450g 夹江 G 级水泥 + 85g 微硅 + 10% 石英砂 + 10% 玻璃微珠 + 2.2g 分散剂 DRS - 1S + 0.8% 稳定剂 DRY - S2 + 10.67% DRT - 100L + 1.6% DRT - 100LT + 3.56% 降失水剂 DRF - 120L + 2% 缓凝剂 DRH - 100L + 1.4g 消泡剂 DRX - 2L。

水泥浆密度:1.56g/cm³;现场钻井液密度:1.48g/cm³。

隔离液配方:600 水 + 2% DRY - S1 + 3% DRY - S2 + 160g 石英砂 + 5% DRY - 100L。

表 2 - 2 - 8 冲洗液与水泥浆相容性实验

项目	旋转黏度计读数					
	Φ_{600}	Φ_{300}	Φ_{200}	Φ_{100}	Φ_6	Φ_3
100:0	33	22	16	11	4	3
95:5	87	61	51	38	23	19
75:25	112	74	54	36	12	9
50:50	117	77	60	41	11	8
25:75	174	105	78	47	7	5
5:95	209	121	87	50	7	5
0:100	271	155	112	66	13	10

表2-2-9 冲洗液与钻井液相容性实验

项目	旋转黏度计读数					
	Φ_{600}	Φ_{300}	Φ_{200}	Φ_{100}	Φ_6	Φ_3
100 : 0	33	22	16	11	4	3
95 : 5	52	35	28	19	8	7
75 : 25	64	40	31	22	8	7
50 : 50	85	50	38	24	8	6
25 : 75	125	73	52	31	6	4
5 : 95	236	130	92	53	9	7
0 : 100	>300	216	167	103	48	34

从各混合浆体间的六速黏度计结果来看,冲洗隔离液与水泥浆、钻井液相容性良好,无絮凝、增稠等现象。

该体系与钻井液及水泥浆具有良好的相容性,兼有冲洗液和隔离液的双重作用,可在较短的时间内,实现良好的冲洗和顶替,冲洗效率提高1倍以上,克服了固井过程中冲洗效果差、顶替效率低的难题,为保证储气库井的固井质量提供了条件。

(三)提高水泥环长期密封性的配套措施

1. 应用管外封隔器

为提高技术套管、生产套管与地层环空的封闭性,固井时应用了管外封隔器。管外封隔器是接在套管柱上,通过液压膨胀坐封,使套管与裸眼环空形成永久性桥堵的装置,可有效地封隔层间窜流,也可防止钻井液及水泥浆漏失。管外封隔器的安装位置应根据地层性质和注水泥工艺等因素设计,其具体使用注意事项如下:(1)管外封隔器应坐封在井径规则、岩石坚硬致密处;(2)下套管过程中严禁上提下放时猛烈活动套管串,防止破坏胶筒;(3)在管外封隔器上下各装2根套管(长度要考虑管外封隔器的级数),每根套管加1只套管扶正器,保证管外封隔器居中。

坐封管外封隔器具体操作步骤如下:

(1)固井施工碰压前5m³采用水泥车小排量顶替,顶替排量500L/min,碰压后继续提高压力,在静液柱压差的基础上增加10MPa,稳压5min,稳压过程中,如果压力降低应及时补压,保证压降小于2MPa。如果5min后压力不降,则再提高2MPa压力,稳压5min,继续观察压降。重复上述过程直到压力达到15MPa。

(2)泄压到零,再次打压到15MPa,观察压力变化,若有压降,重复步骤(1),若无压降则泄压到零。

2. 预应力固井技术

套管内外压力变化、水泥石自身体积收缩、温度变化都会使套管—水泥环—地层之间产生微间隙。为解决水泥与套管、水泥与地层的密封问题,根据应用弹性力学理论,从套管、地层应力应变特性出发,采用预应力固井技术(图2-2-6)。通过施加外挤压力使套管、地层具备弹性能,在水泥石发生径向体积收缩时,释放弹性能,弥补体积收缩产生的微间隙,使地层—水泥环—套管结合更紧密,从而提高固井质量,保障水泥环长期整体密封性能,消除环空气窜通道。现场应用表明,该技术能够显著提高固井质量和减缓环空带压,效果良好。因此,在现场井筒和装备条件允许的情况下,顶替液宜采用清水,并进行环空憋压候凝。

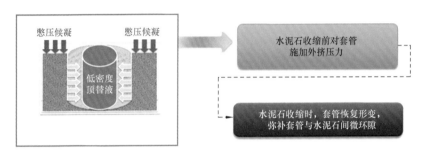

图 2 - 2 - 6　预应力固井技术示意图

3. 超声波成像测井技术评价水泥环完整性

为准确评价储气库注采井固井质量,采用了超声波成像测井技术,将评价结果与常规测井结果进行对比,增强了固井质量评价的精准度。超声波成像测井采用常规超声波脉中回波与挠曲波成像技术,通过对两种波场的独立测量,实现对套管环空环境的描述以及对不同类型水泥固井质量的评价。超声波成像测井可全方位测量整个套管圆周,可发现水泥环内的窜槽,确定固井作业是否达到有效的水泥封隔,了解套管的居中情况和水泥厚度。其测井数据以三维方式显示,可直接观察套管腐蚀或变形、内径和壁厚的变化,验证入井管串结构。提供的固体—液体—气体(SLG)图像用于识别固井后环空充填效果,并可定量描述套管居中度。与传统 CBL - VDL 测井方法相比,超声波成像测井不受微环境、快地层和双层套管影响,能适应厚套管(最大到 20mm)和大密度钻井液(最大到 2.20g/cm³)环境,对评价的水泥密度没有特殊要求。

(四)枯竭气藏型储气库固井成套技术

对于板南储气库、相国寺储气库、苏桥储气库、呼图壁储气库和长庆油田储气库的固井工程,由于地质及井眼条件复杂,固井难度大、要求高,保证安全施工及固井质量困难。针对建设枯竭气藏型储气库固井难点及前期固井中存在的问题,通过开展固井工艺、晶须纳米材料高强度低弹性模量水泥浆体系、固井防漏、固井质量评价、保证井筒密封、防止环空带压以及现场固井配套措施等研究工作,形成了适合枯竭气藏型储气库的固井工艺及配套技术,为枯竭气藏型储气库的长期安全运行奠定了基础。

1. 井眼准备及钻井液性能调整

1)井眼准备

(1)优化钻井液体系,防止井壁失稳,保证井径规则,为固井创造良好的井筒条件。

(2)加强井眼轨迹监测,实时掌握井斜、方位变化情况,保证井眼平滑、井径规则,各开井段平均井径扩大率不大于 15%,储层段井径扩大率不超过 10%。

(3)下套管前通井时,钻具组合的最大外径和刚度应不小于下入套管的外径和刚度。

为保证储气库井套管能安全顺利下入,一般井进行3趟通井:第一趟采用1个扶正器通井;第二趟采用2个扶正器通井;第三趟采用3个扶正器通井,削平井眼拐点,破坏岩屑床,保证井眼通畅。最后一趟通井采用漏斗黏度120~150s左右的稠浆携砂,带出滞留在"大肚子"井眼内的岩屑,保证井筒清洁。充分循环,排量达到完钻时的1.2倍。

2)钻井液性能调整

在井眼条件允许的情况下,固井前应适当调整钻井液性能,达到低黏切、流变性好的要求。环空循环压耗和钻井液的黏度、切力成正比,因此固井前合理降低钻井液的黏度和切力,可以降低环空循环压耗,从而有效预防井漏。对于井内无油气显示且无复杂情况的井,固井前适当降低钻井液密度,可以有效减小环空液柱压力。

注水泥施工时钻井液主要性能推荐要求如下:

(1)钻井液密度小于1.30g/cm³时,屈服值小于5Pa,塑性黏度应为10~30mPa·s;

(2)钻井液密度在1.30~1.80g/cm³时,屈服值小于8Pa,塑性黏度应为22~30mPa·s;

(3)钻井液密度大于1.80g/cm³时,屈服值小于15Pa,塑性黏度应为40~75mPa·s。

2. 提高地层承压能力的技术措施及应用情况

1)提高地层承压能力的措施

(1)早期处理,强化地层堵漏措施,逢漏即封,由一次性承压堵漏改为分段随钻堵漏,提高地层承压能力。

(2)根据钻遇地层的特点及时调整钻井液性能和密度,并进行随钻堵漏和承压堵漏,为固井施工创造良好的井筒条件。

(3)基于平衡压力固井原则,固井前需要开展地层承压能力试验。根据注入液体的流变性能(水泥浆、前置液、后置液等取室内小样测流变性能)及井径、井斜、方位等实测数据,利用固井工程设计软件模拟固井施工过程,得出施工时的最大环空动态当量密度。采用提高钻井液密度后大排量循环的方法,确保环空动态当量密度不小于施工时所需的最大环空当量密度,检验地层的承压能力,获取准确的地层漏失压力,为制订固井施工方案及设计水泥浆体系提供参考依据。若地层不能满足要求,则采用堵漏的方法提高地层承压能力。

2)双6储气库提高地层承压能力措施

根据双6储气库的地层特点和实钻情况,采取有针对性的随钻堵漏及承压堵漏技术措施,及时调整钻井液性能和密度。钻进中采取随钻堵漏措施,在钻井液中随钻加入生物可降解堵漏材料,解决了漏失问题,并尝试提高钻井液密度进行随钻堵漏。中完固井前,按室内选定的配方进行承压堵漏施工,平均每口井承压堵漏3~4次,承压能力由最初的1MPa提高到5.5~6.5MPa,保证了固井施工安全。

3)苏桥储气库提高地层承压能力措施

苏桥储气库在Es组砂砾岩地层、C—P系煤系地层及揭开潜山段易发生漏失。在认真总结前期堵漏经验的基础上,认真分析地层的承压能力,由早期的固井前一次性承压堵漏改为分段随钻堵漏,提高Es组砂砾岩地层、C—P系煤系地层及揭开潜山段这三段地层的承压能力,为固井创造良好的前提条件。

后期通过分析和实践研究,采用了改进承压和满足平衡压力固井的办法。不以水泥浆增加的静液柱压力要求承压能力,只要地层承压能力能够达到2MPa以上,则按照水泥浆静液柱压力超过承压能力的部分,采用降低前导钻井液密度和前置液密度的方法,密度低于钻井液 $0.10g/cm^3$ 左右,来实现平衡压力固井,减小承压要求,降低承压堵漏难度,节约堵漏时间,防止井径扩大。

4)相国寺储气库提高地层承压能力措施

根据相国寺储气库储层特点,为做好防漏工作,根据环空三压力分布,表层套管和技术套管采用干井筒固井技术,尾管固井根据模拟施工排量,掌握井下承压能力,设计浆柱结构及变排量施工,确保固井施工时井下不发生漏失。优选防漏堵漏水泥浆体系,提高水泥浆自身的防漏能力,采用双凝双密度水泥浆体系控制环空浆柱压力。

(1)表层套管固井采取的技术措施。

表层套管固井采用一次正注返高至200m,分3次进行反打,即解决了低压易漏层因一次正注施工环空静液柱压差过大而压漏地层的可能性,又保证了环空水泥环的完整性。

(2)技术套管固井采取的技术措施。

技术套管固井采用 SD66 高强有机聚合物纤维防止固井时发生漏失。SD66 由不同尺寸的纤维组合而成,利用不同尺寸的纤维自身所具有的搭桥成网和不同级配固相颗粒的填充特性,达到堵漏和提高地层承压能力的目的。室内采用改装 QD 型堵漏材料试验仪对比水泥净浆、纤维防漏水泥浆进行了防漏性能评价,实验结果表明纤维水泥具有良好的防漏堵漏能力。

(3)尾管固井采取的技术措施。

尾管固井采取井口憋回压的方式进行地层承压试验,应用固井软件对井下承压能力进行模拟。在钻井液密度为 $1.33g/cm^3$ 的情况下,关封井器井口逐步憋压至最大 10.0MPa,如果井漏,则堵漏提高承压能力。当顶替排量为 $0.5m^3/min$ 时,按井底最大当量钻井液密度为 $1.83g/cm^3$ 来考虑地层的承压能力。承压试验表明,钻井液密度为 $1.33g/cm^3$ 时,井口憋压 10MPa,井下未发生漏失。根据承压试验和模拟结果决定,将最后 $6m^3$ 钻井液的顶替排量降到 $0.5m^3/min$,控制固井时最大动态当量密度在 $1.83g/cm^3$ 以内。

3. 提高顶替效率及现场施工的主要措施

1)提高顶替效率的综合措施

(1)优化扶正器的加量及安放位置,保证套管的居中度。

(2)采用低黏切的预冲洗液配合高效冲洗隔离液。

(3)针对混油钻井液,隔离液应具备强洗油能力。

(4)根据地层承压情况确定合适的顶替排量,采用大排量顶替,不采用紊流顶替。

2)窄安全密度窗口和长封固段条件下提高固井质量的综合措施

(1)固井前进行承压试验,提高地层的承压能力。

(2)采取综合措施提高顶替效率。

(3)优选综合性能好的水泥浆配方。

(4)配套的平衡压力固井施工工艺。

现场施工时采取有效措施,降低每一项因素对固井质量的影响,现场固井施工中严格执行"技术+管理"的方式。现场多口井成功应用表明,形成的固井综合配套技术路线正确、方案合理,现场应用效果显著。

3）固井现场施工的主要措施

（1）优化钻井液、前置液和水泥浆浆柱结构，采用平衡压力固井技术。

（2）加强现场水泥浆的复核工作，把好最后一道关口。

（3）保证固井工具及附件的可靠性，加强入井前的检查。

（4）多车联注，采用批混技术，保证入井水泥浆密度的均匀性。

（5）保障施工装备，确保施工连续，做好固井突发预案。

4. 固井现场试验及推广应用

气藏型储气库固井配套技术以室内研究为基础，现场应用为依托，取得了十分显著的成效，为储气库的长期运行奠定了基础，对保证国内的天然气安全供应及季节调峰具有重大意义。

1）苏桥储气库固井现场应用情况

苏桥储气库为枯竭油气藏型储气库，是国内首座古潜山型储气库，储气层埋深最深可达5500m，具有地层温度高、气藏亏空严重、孔隙压力系数低、易漏失、易垮塌、大井眼、长封固段等特点。通过技术攻关，研制了晶须纳米材料高强度低弹性模量水泥浆体系，满足了储气库注采井水泥石力学性能要求；采用前导低密度、低黏度、低切力抗钙污染钻井液和低密度前置液抵消了地层承压能力不足的问题，防止了地层漏失，提高了顶替效率；研制了菱角形颗粒加重隔离液增强了对井壁的冲刷能力，保证了界面胶结质量；研究制订的一系列固井技术措施，对提高苏桥深潜山枯竭油气藏型储气库注采井固井质量，取得了明显效果。针对这些问题，探索出了一套适合苏桥储气库井特点的固井技术，为今后储气库固井质量的提高，积累了有益的经验。

（1）固井方式。

① 定向井。一开使用 $\phi660.4mm$ 钻头钻至井深 350m，下入 $\phi508.mm$ 套管，采用内插法固井；二开采用 $\phi374.6mm$ 钻头钻至井深 3450m，下入 $\phi273.1mm$ 套管进行双级固井；三开使用 $\phi241.3mm$ 钻头钻至 4500～4900m 井段，下入 $\phi177.8mm$ 进行尾管固井，四开完钻后再回接固井；四开使用 $\phi149.2mm$ 钻头钻至 4708～5042m 井段，下入 $\phi114.3mm$ 筛管完井。

② 水平井。一开使用 $\phi660.4mm$ 钻头钻至井深 350m，下入 $\phi508.0mm$ 套管，采用内插法固井；二开使用 $\phi444.5mm$ 钻头钻至 1615～3505m 井段，下入 $\phi339.7mm$ 套管进行双级固井；三开使用 $\phi311.2mm$ 钻头钻至 3200～5108m 井段，下入 $\phi244.5mm$ 套管双级固井（2013 年后改为先尾管固井再回接固井）；四开使用 $\phi241.3mm$ 钻头钻至 3500～5500m 井段，下入 $\phi168.3mm$ 筛管 + $\phi177.8mm$ 尾管筛管顶部注水泥固井，再回接固井。

（2）冲洗隔离液。

苏桥储气库定向井和水平井钻井过程中为降低起下钻摩阻，钻井液中加入了较高比例的油性润滑剂，固井前井壁和套管壁上会黏附油膜，影响第一和第二界面水泥胶结强度。为此研制了用菱角形加重材料配制的冲洗隔离液（水 + 2% 悬浮剂 + 3% 高温悬浮剂 + 5% 冲洗剂 + 30% 菱角形加重剂），提高冲洗效果。施工中实际使用驱油冲洗液量为 8～10m³，冲洗隔离液量为 30～40m³，实际冲洗时间达到了 15～18min，保证了冲洗效果。

（3）晶须纳米材料高强度低弹性模量水泥。

为了降低水泥石的脆性，增加水泥石的弹性，在水泥浆中加入胶乳，并在水泥浆中加入增韧剂,以增强水泥石的韧性。为防止井漏,盖层套管固井时仅在井底500m井段使用常规密度水泥浆,其上井段使用密度为1.55~1.65g/cm³的低密度水泥浆。水泥浆配方如下。

领浆1:G级油井水泥+30%硅粉+10%微硅+10%微珠+4%增韧剂+0.8%分散剂+1.6%稳定剂+11%胶乳+1.6%胶乳调节剂+3.4%降失水剂+1.4%缓凝剂+0.1%消泡剂+59%现场水。

领浆2:G级水泥+30%硅粉+10%微硅+7%微珠+4%增韧剂+0.5%分散剂+0.8%稳定剂+11%胶乳+1.6%胶乳调节剂+3%降失水剂+3.5%缓凝剂+0.1%消泡剂+49%现场水。

尾浆:G级油井水泥+35%硅粉+2%微硅+4%增韧剂+0.9%稳定剂+0.7%分散剂+8%防窜剂+1.2%调节剂+3.5%降失水剂+0.2%消泡剂+2.1%缓凝剂+42%水。

通过对水泥石进行韧性改造,提高了水泥环的长期力学完整性,切实保障了后期注采高效、安全运行。

(4)其他固井配套技术。

① 采用前导低密度钻井液和前置液抵消水泥浆柱增加的静液柱压力。

苏桥储气库注采井采取钻进潜山目的层3~5m再下入套管进行盖层段固井工艺,但因储气层压力系数低,且孔隙发育,易漏失,承压能力无法满足水泥浆柱压差要求。前期几口井的实践表明,进行多种方式堵漏后,地层承压能力的增加并不明显,堵漏时间长反而造成井径扩大率增大,影响水泥浆顶替效率和水泥环胶结质量。因此研究改进了承压和满足平衡压力固井的方法,不以水泥浆柱增加的静液柱压力要求承压能力,只要地层承压能力能够达到2MPa以上,则按照水泥浆静液柱压力超过承压能力的部分,采用前导低密度钻井液和前置液的办法,来抵消水泥浆柱增加的静液柱压力,实现平衡压力固井,减小承压要求,降低承压堵漏难度,缩短堵漏时间,防止井径扩大。

② 增加阻位以下套管长度,保证套管鞋附近封固质量。

通过分析储气库注采井固井质量图,发现套管鞋以上50m左右井段固井质量比之上井段较差。分析原因认为,是由于水泥浆行程长,碰压胶塞(尾管或双级固井不能使用空心胶塞)把套管内壁上黏附的钻井液膜刮替至套管鞋附近环空井段,造成底部井段固井质量较差。为了提供容留刮下的钻井液膜的足够空间,下套管时将碰压座安装在井底第6~第7根套管上,以保证套管鞋附近井段的固井质量。

③ 盖层和生产套管固井时水泥浆批混批注,确保水泥浆性能达到要求。

为防止注水泥时密度波动对水泥浆性能的影响,确保水泥浆稠化时间、失水量、游离液和水泥石参数达到储气库要求,盖层技术套管和生产套管固井时水泥浆采用批混批注技术。

④ 采用较大排量注替水泥浆。

注水泥浆时,较大的排量可以起到减轻水泥浆在套管内产生的掺混现象,较大的顶替排量能使水泥浆产生较大的驱动能量。现场实践表明,环空返速达到1.1~1.2m/s,能获得较好的顶替效果。在φ244.5mm尾管固井中,实际最大注替排量分别达到了2.6m³/min和3.3m³/min,φ177.8mm尾管固井中实际最大注替排量分别达到了1.56m³/min和2.6m³/min,井下正常,固井质量显著提高。

⑤ 回接固井采用预应力技术。

为解决水泥环与套管的密封问题,采用预应力固井,提前给套管施加一个径向预应力。施加预应力的方法是,固井时采用清水顶替,使管外静液柱压力高于管内静液柱压力 10MPa 左右,使套管与水泥环结合更紧密,从而提高水泥环胶结质量,降低微环隙形成的可能性,保障水泥环长期整体密封。

2)相国寺储气库固井现场应用情况

相国寺储气库构造地质情况复杂,上部地层(须家河组—嘉陵江组)极易发生恶性井漏;下部主力气藏裂缝、溶洞发育,并且几十年的开采造成地层严重亏空,石炭系气藏的地层压力系数仅为 0.1,下套管及固井施工中易发生漏失。

为保证相国寺储气库注采井水泥环的密封完整性,综合考虑水泥浆工程性能和水泥石的力学性能,采用预应力固井工艺技术降低微间隙产生,集成各项措施提高顶替效率,采取管外封隔器进一步加强环空密封性、气密封螺纹套管并逐一试压等管柱密封性保障措施,解决了相国寺储气库低压易漏地层固井难题,形成了一套适用于相国寺储气库注采井固井的防漏、堵漏技术,为相国寺储气库后期安全运行奠定了井筒密封的基础。

(1)优选水泥浆配方,优化水泥浆性能。

水泥浆设计应具有好的流动度,适宜的初始稠度,浆体稳定性好,水平井水泥浆还应具有低失水、零自由水等特点。技术套管水泥浆配方采用夹江 G 级高抗水泥:多功能纤维:分散剂:膨胀剂:降失水剂(100:3.0:1.5:0.6:1.0)+缓凝剂 0.01% + 消泡剂 0.2% + 增强剂 3.0% + 井场生产用水。生产尾管固井水泥浆:FlexSTONE 领浆混合水泥 + 消泡剂 0.233% + 分散剂 1.330% + 降失水剂 2.518% + 缓凝剂 0.35% + 防沉降剂 0.121% + 井场生产用水;FlexSTONE 尾浆混合水泥 + 消泡剂 0.139% + 分散剂 1.289% + 降失水剂 2.251% + 缓凝剂 0.085% + 防沉降剂 0.118% + 井场生产用水。

(2)强化水泥石力学性能。

储气库井套管及水泥环受到交变应力影响,水泥石应具有长期的强度稳定性,能承受长期交变应力的影响,保证环空不发生气体泄漏。纯水泥石具有天生脆性的缺陷,为改善水泥石性能,满足储气库井较长寿命的要求,技术套管固井采用增韧防漏多功能纤维水泥浆体系。尾管采用韧性水泥浆体系提高水泥石抗冲击性能、降低动态弹性模量、增加破碎吸收能、改善动态断裂韧性等力学性能。

(3)使用管外封隔器进一步增加环空密封能力。

技术套管及生产尾管均采用相匹配的裸眼封隔器,增强环空密封能力。管外封隔器能够在套管之间和套管与裸眼环空间形成良好的封隔与桥堵,达到封隔油气层互窜及封隔高压层或低压层的目的,也可以防止水泥及钻井液下沉与漏失,对提高固井质量效果明显。

(4)确保管串密封。

技术套管及尾管均采用气密封螺纹套管。由专业下套队伍按厂家推荐的最佳扭矩上扣,确保套管的紧扣质量;套管入井前对套管螺纹逐一进行氦气检测,合格后方可入井,提高了套管柱的密封能力。

(5)提高顶替效率。

根据井眼轨迹,采用软件模拟套管居中度,合理安放扶正器,尽可能保证套管有较高的居中度。在保证井壁稳定和井眼压力平衡的前提下,合理降低钻井液的黏度和切力,使钻井液更容易被驱替干净。采用黏滞性前置隔离液,有效隔离钻井液和水泥浆,避免水泥浆与钻井液接触变稠、影响顶替效率。

(6)采用预应力固井技术。

为解决水泥与套管密封问题,采用预应力固井,提前给套管施加一个径向预应力。施加预应力的方法是固井时采用清水顶替,使管外静液柱压力高于管内静液柱压力 10～15MPa,使套管具备弹性能,在水泥石发生径向体积收缩时,释放弹性能,弥补体积收缩产生的微间隙,使套管与水泥环结合更紧密,从而提高固井质量,保障水泥环长期整体密封性能,消除环空气窜通道,以降低微环隙形成的可能性。

3)现场应用的主要认识及结论

通过深入研究攻关形成的储气库固井综合配套技术,解决了复杂井眼条件下提高顶替效率难、低压储层易漏等技术难题,达到了储气库对盖层段及全井密封的技术要求,有效保证了长封固段、复杂井眼条件下储气库井的固井质量,推进了相国寺储气库、苏桥储气库、呼图壁储气库、板南储气库和双 6 储气库等项目建设的步伐。

第三节　注采井生产套管强度校核和尺寸优化

地下储气库注采井具有强注强采、注采频繁转换的特点。交变的注采压力导致套管承受的应力也是交变的,且套管受射孔孔眼、水泥环和地层围岩的影响,会形成局部应力集中,当局部应力数值超过套管钢材屈服强度时,导致套管损坏,会给储气库的安全运行带来隐患。目前,国内针对储气库注采井套管应力及变形趋势、套管尺寸和结构对套管应力的影响开展了研究工作,形成了套管优化设计方法和技术,保障了地下储气库注采井长久安全稳定地运行。

一、注采井生产套管强度校核优化

(一)强度校核数值模型

储气库注采井套管受力复杂,不能用静载荷校核套管强度,理论分析和实验室试验都无法满足实际生产的要求。相对而言,数值计算模拟在套管应力分析和强度校核方面是一种有效的方法。近年来,国内外学者采用数值模拟方法对多种不同类型储气库注采井的套管应力进行了分析计算,但建立的模型都相对简单,没有考虑螺旋射孔的影响,也没有进行套管结构和尺寸优化分析,且大都采用四面体自由划分网格,计算精度有待提高[10]。

采用数值模拟的方法模拟和分析储气库注采井在生产过程中的套管、水泥环和地层的受力,建立的模型包括套管、水泥环和地层三个部分。采用有限元软件建立计算模型,其中地层采用多孔介质流固耦合单元,水泥环和地层采用三维实体无渗流单元,所有单元采用六面体单元,对套管、水泥环和地层进行了螺旋射孔,计算模型的有限元网格图如图 2－3－1 所示。

施加的套管内部压力载荷和储层孔隙压力的变化如图 2－3－2 所示。下降曲线表示采气,上升曲线表示注气。采气阶段储层孔隙压力大于套管和孔眼内压,注气阶段套管和孔眼内压大于储层孔隙压力,套管和孔眼内压在注采交替时刻有压力突变。图中数据来自储气库现场同一注采井。

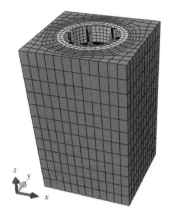
(a) 整体有限元模型

(b) 套管有限元模型

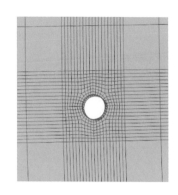
(c) 射孔孔眼有限元模型

图 2-3-1 储气库注采井有限元模型图

(a) 整体有限元模型,模型中包括套管(绿色)、水泥环(灰色)和地层(黄色);

(b) 套管有限元模型,采用螺旋射孔作业;(c) 单个孔眼的有限元模型

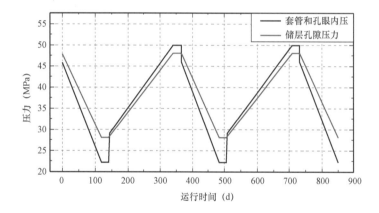

图 2-3-2 施加的套管内部压力及储层孔隙压力

计算模型输入的参数见表 2-3-1 和表 2-3-2。

表 2-3-1 地层参数

储层深度 (m)	z 向垂向 主应力 (MPa)	x 向水平 最小主应力 (MPa)	y 向水平 最大主应力 (MPa)	地层压力 (MPa)	地层渗透率 (mD)	孔隙度 (%)	杨氏模量 (GPa)	泊松比
4700	108	84.6	98.7	47.8	2	2.29	35	0.2

表 2-3-2 套管和水泥环参数

套管杨氏 模量 (GPa)	套管 泊松比	套管外径 (mm)	套管壁厚 (mm)	射孔相位 (°)	孔眼密度 (孔/m)	孔眼直径 (mm)	水泥环杨氏模量 (GPa)	水泥环 泊松比	水泥环外径 (mm)
210	0.3	177.8	9.17	60	16	8.8	25	0.25	215.95

（二）模拟结果分析

利用有限元计算模型,共模拟了 2.5 个注采周期。图 2 - 3 - 3 为采气末期(850 天时刻)的 von Mises 应力分布,从图中可以看出最大 von Mises 应力位于水平最小主应力方向(x 方向)上的孔眼内壁上。图中最大的 von Mises 应力为 616.6MPa,P110 钢级套管的最低屈服强度为 758MPa,抗内压安全系数取 1.125,则许用应力为 758/1.125 ≈ 673.8MPa,616.6MPa < 673.8MPa,因此在采气末期,套管承受的应力满足安全生产要求。

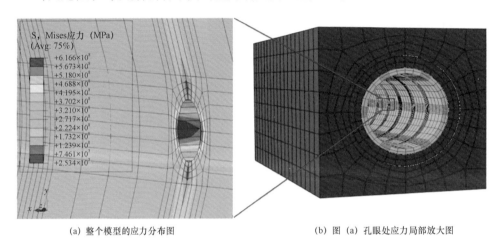

(a) 整个模型的应力分布图　　　　　　(b) 图 (a) 孔眼处应力局部放大图

图 2 - 3 - 3　采气末期(850 天)时刻模型 von Mises 应力分布

图 2 - 3 - 4 为套管最大 von Mises 应力(位于 x 方向的孔眼内壁上)随注采过程的历史变化曲线。对照可以看出,在采气过程中,套管最大 von Mises 应力逐渐增大,在注气过程中逐渐减小,在采气和注气交替时有应力突变。这是因为在储气库注采井运行过程中,由于原岩地层应力的存在,套管主要受到来自原岩应力的挤压变形,因此,套管内壁施加的气体压力越大,则

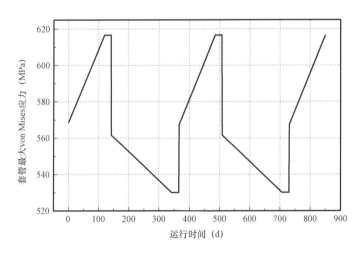

图 2 - 3 - 4　套管最大 von Mises 应力历史曲线

作用在套管上的原岩应力被抵消得越多,套管管体承受的应力越小。在空间上,套管最大 von Mises 应力位于孔眼内壁上;在时间上,套管最大的 von Mises 应力出现在采气末期,因此只要套管采气末期时刻孔眼内壁上的 von Mises 应力小于此工况下的许用应力,则可以判定套管满足安全生产要求,反之则不满足安全生产要求。

二、基于套管应力的模型优化分析

对储气库注采井的注采过程进行数值模拟,并对套管应力进行强度校核,满足了安全生产要求。此外,还需要对套管的结构和尺寸进行优化。根据不同的实际情况,在满足安全生产的条件下,使套管的结构和尺寸最优是实际生产过程中需要解决的问题。

采用有限元软件 ABAQUS 建模,所有的建模过程和模型参数都用 PYTHON 脚本语言进行记录。修改脚本文件中的模型参数,输入到 ABAQUS 软件中可以实现自动化和参数化建模。采用此方法,一次修改一个模型参数,保持模型中其他参数不变,可以得到此参数对模拟结果的影响。通过不断修改模型参数并进行对比分析,可以求得不同参数对套管应力的影响,进而求得最佳的套管尺寸和结构。

图 2-3-5 为套管结构和尺寸优化分析流程图。表 2-3-3 为直井工况下的模拟结果,表 2-3-4 和表 2-3-5 为两种水平井工况下得到的计算结果。

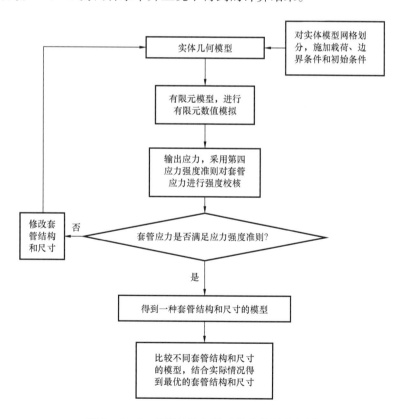

图 2-3-5　套管结构和尺寸优化分析流程图

表2-3-3　直井工况下采用不同的套管参数模拟得到的结果

序号	套管厚度（mm）	初始孔眼与水平最小主应力的相位（°）	采气末期套管最大 von Mises 应力（MPa）	是否满足安全生产要求
1	7.72	0	670.4	是
2	7.72	30	639.6	是
3	9.17	0	616.6	是
4	9.17	10	591.7	是
5	9.17	30	546.3	是
6	9.17	50	587.9	是

表2-3-4　水平井工况下采用不同的套管参数模拟结果
（套管轴向为水平最大主应力方向）

序号	套管厚度（mm）	初始孔眼与水平最小主应力的相位（°）	采气末期套管最大 von Mises 应力（MPa）	是否满足安全生产要求
1	9.17	0	694.9	否
2	9.17	30	647.3	是
3	10.54	0	646.9	是
4	10.54	10	625.4	是
5	10.54	30	578.3	是
6	10.54	50	621.3	是

表2-3-5　水平井工况下采用不同的套管参数模拟结果
（套管轴向为水平最小主应力方向）

序号	套管厚度（mm）	初始孔眼与水平最小主应力的相位（°）	采气末期套管最大 von Mises 应力（MPa）	是否满足安全生产要求
1	9.17	0	698.0	否
2	9.17	30	679.0	否
3	10.54	0	649.0	是
4	10.54	10	630.4	是
5	10.54	30	606.4	是
6	10.54	50	626.2	是

地层应力的大小和方向保持不变,模型结构和参数都相同,不同工况的唯一区别是套管的轴向发生了变化。直井工况情况下,套管轴向为垂向主应力 S_v 方向。水平井工况分为两种情况,分别为表2-3-4所示的套管轴向为水平最大主应力方向和表2-3-5所示的套管轴向为水平最小主应力方向两种情况。

综合比较表 2 - 3 - 3 至表 2 - 3 - 5 可以发现,同等条件下,从表 2 - 3 - 3 至表 2 - 3 - 5 的 von Mises 应力依次增大,由此可得出结论:套管的应力主要受套管横切平面内地层原始两向主应力数值的影响,套管轴向地层原始主应力对套管应力的影响相对较小。因此,对于同一地层应力场,为了使得套管承受的应力最小,套管横切平面内的地层原始两向主应力应为三向主应力中的两个较小的主应力,即套管的轴向应为地层三个主应力中最大主应力的方向,如表 2 - 3 - 3 所示的直井工况。对于水平井,当套管的轴向为水平最大主应力方向时,套管承受的应力最小,如表 2 - 3 - 4 所示的水平井工况。

对于表 2 - 3 - 3 所示的直井工况和表 2 - 3 - 4 所示的水平井工况,套管最大 von Mises 应力出现在水平最小主应力 S_h 方向上的孔眼内壁上;对于表 2 - 3 - 5 所示的水平井工况,套管最大 von Mises 应力出现在水平最大主应力 S_H 方向上的孔眼内壁上。因此综合表 2 - 3 - 3 至表 2 - 3 - 5 可以得出:套管 von Mises 应力最大值总出现在套管横切平面内两个主应力中的较小主应力方向的孔眼内壁上。在螺旋射孔完井作业时,应避免在此方向上射孔。理论上,若在套管横切平面内射孔孔眼偏离此方向 90°,即在套管横切平面内地层应力两个主应力的较大主应力方向上射孔,则套管孔眼内壁上的 von Mises 应力达到最小值。考虑到实际的射孔方案多为螺旋射孔以及螺旋射孔的周期性,因此,最佳的射孔方案为在套管横切平面内偏离此方向 0.5 倍相位角的方向上射孔(地层初始应力分布为 $S_v > S_H > S_h$)。

三、结论

(1)对储气库注采井生产套管强度校核不能只考虑静载荷,还要考虑注采交变应力的影响。

(2)在时间上,储气库注采井套管 von Mises 应力的最大值出现在采气末期。

(3)在空间上,套管 von Mises 应力最大值出现在套管横切平面内两个主应力中的较小主应力方向的孔眼内壁上,因此在射孔完井作业时,应避免在此方向上射孔。对于螺旋射孔,最佳的射孔方案为在套管横切平面内偏离此方向 0.5 倍相位角的方向上射孔。

(4)套管的应力主要受套管横切平面内的地层原始两向主应力数值的影响,套管轴向地层原始主应力对套管应力的影响相对较小,因此当套管轴向为地层应力的最大主应力时,套管的应力最小;对于水平井,为使套管的应力最小,套管的轴向应沿地层水平最大主应力方向。

参 考 文 献

[1] 袁光杰,杨长来,王斌,等. 国内地下储气库钻完井技术现状分析[J]. 天然气工业,2013,33(2):61 - 64.

[2] 代长灵,杨光,薛让平,等. 长庆靖边储气库关键钻井技术[J]. 天然气勘探与开发,2016,39(1):65 - 69.

[3] 吴涛. 新疆油田呼图壁储气库钻井技术实践[J]. 化工管理,2015,28(13):187 - 189.

[4] 刘德平. 相国寺枯竭气藏储气库钻井工程关键技术[J]. 钻采工艺,2016,39(5):8 - 10.

[5] 钟福海,刘硕琼,徐明,等. 苏桥深潜山枯竭油气藏储气库固井技术[J]. 钻井液与完井液,2014,31(1):64 - 67.

[6] 谭茂波,何世明,范兴亮,等. 相国寺地下储气库低压裂缝性地层钻井防漏堵漏技术[J]. 天然气工业,2014,34(1):97 - 101.

[7] 王立波. 辽河双 6 区块储气库水平井钻井与完井技术[J]. 中外能源,2013,19(2):63 - 67.

［8］罗长斌,李治,胡富源,等. 韧性水泥浆在长庆储气库固井中的研究与应用［J］. 西部探矿工程,2016,28（1）:72 – 76.

［9］刘在桐,董德仁,王雷,等. 大张坨储气库钻井液技术［J］. 天然气工业,2004,24（9）:153 – 155.

［10］王建军,路彩虹,贺海军,等. 气藏型储气库管柱选用与评价［J］. 石油管材与仪器,2019,33（2）: 26 – 29.

［11］孙明光,等. 钻井、完井工程基础知识手册［M］. 北京:石油工业出版社,2002.

［12］高连新,等. 管柱设计与油井管选用［M］. 北京:石油工业出版社,2013.

第三章 注采完井工程技术

储气库生产井大排量周期性注采,井筒工况复杂,给注采完井工程提出了更大的挑战。主要表现在以下三个方面:(1)储气库注采气工作压力变化幅度大。为了取得最大的经济利益,储气库要在设计的最大工作压力与最小工作压力两个极限之间运行,压力差可达到十至几十兆帕。如华北油田苏桥储气库,最小工作压力 19.0MPa,最大工作压力 48.5MPa,相差近30MPa。(2)长期承受交变载荷,温度压力变化剧烈,管柱伸缩变化大,对注采管柱综合强度和密封性要求高。(3)井筒完整性失效风险高(储气库安全事故中 60% 以上与井筒有关)。因此,注采完井工程应从设计和管理着手,确保注采井生产安全。

第一节 完井工艺优选

一、考虑因素

完井工程的主要目的是使井眼与储气层有良好的连通,同时保持井壁的长期稳定。储气库注采井完井方式的选择还需考虑储气库注采井的使用特点,其完井方式选择的主要考虑因素包括:储气层类型、地层岩性、渗透率、构造油气分布情况、完井层段的稳定程度、高压层分布、底水等。一般情况下,对于均质硬地层可采用裸眼完井;非均质硬地层则采用套管完井;非稳定地层采用非固定式筛管完井;产层胶结性差、存在出砂问题的则应采用防砂筛管完井。

对于砂岩油气藏改建的储气库,由于储气库注采井注采压力频繁变化,会破坏砂砾间的应力平衡和储层胶结,可能造成储气层出砂,注采井必须考虑出砂问题,使储气库注采井在整个生命周期内能安全高产[1]。

二、出砂预测

储气库注采井储气层是否出砂是选择注采井完井方式的重要因素之一。储气库注采井长期大排量交替注采、生产压差变化幅度大,影响井壁稳定性。即便储气库注采井生产初期出砂情况可能还不太突出,但是经过多周期大排量注气、采气载荷作用,岩石胶结强度会逐渐下降,出砂风险增大。法国苏伊士公司的 Germigy 和 Cerville 两个水层储气库注采初期不出砂,几个注采周期后,出砂问题逐渐变得严重起来,早期出砂粒径小于 50μm,后来产出大量 100 ~ 150μm 的大颗粒砂。

造成储气层出砂的主要原因包括:(1)储气层中砂粒间缺少胶结物,或者没有胶结物,加上地层埋藏浅,成岩作用低,地应力变化的影响造成出砂。(2)生产压差大,流体渗流流速大,造成储气层出砂。对于储气库注采井长期高产量生产,该因素要格外重视。(3)地层压力降低到一定值后,地应力发生明显变化,改变了原来地层砂粒间作用力的平衡,造成储气层出砂。(4)钻井液滤液侵入地层,引起储气层黏土膨胀,造成出砂。(5)固井质量不合格,套管外缺少或没有水泥环支撑,射孔后易引起出砂[2]。

注采井出砂对储气库生产和安全会造成严重影响。如果储气库注采井出现出砂倾向,则必须降低注采速率。

(一)组合模量预测方法

储层岩石强度和出砂的可能性可选用组合模量法进行评价。根据声速及密度测井资料,用式(3-1-1)计算岩石的弹性组合模量 E_c:

$$E_c = \frac{9.94 \times 10^8 \times \rho}{\Delta t_c^2} \qquad (3-1-1)$$

式中 E_c——岩石弹性组合模量,MPa;

ρ——岩石密度,g/cm^3;

Δt_c——声波时差,μs/m。

根据储层出砂预测理论,弹性组合模量 E_c 越大,地层出砂的可能性越小。经验表明,当弹性组合模量 E_c 大于 2.0×10^4MPa 时,油气井不出砂;反之,则要出砂。判断标准如下:

$E_c \geqslant 2.0 \times 10^4$MPa,正常生产时不出砂;

1.5×10^4MPa $< E_c < 2.0 \times 10^4$MPa,正常生产时轻微出砂;

$E_c \leqslant 1.5 \times 10^4$MPa,正常生产时严重出砂。

国内油田用此方法在一些油气井上做出砂预测,准确率达到80%以上。

(二)交变载荷条件下出砂新模型预测方法

目前采用的出砂预测方法,没有考虑储气库注采井承受交变载荷因素,也没有考虑地层塑性承载能力。针对储气库运行工况特点,在理论分析基础上,建立了交变载荷条件下的出砂新模型,并以呼图壁储气库为工程依托计算了临界出砂压差。实验验证表明,实验结果与计算值之间误差小于5%。2016—2017 年呼图壁开展了 20 口井提高生产压差现场试验,综合考虑临界出砂压差和边水等因素,生产压差提高至 4.2~6.2MPa 不等,日调峰能力增加了 315×10^4m^3。

1. 地应力坐标系和井筒坐标系变换

为了分析任一斜度井壁上的应力分布,建立了如图 3-1-1 所示的地应力坐标系和井筒坐标系,目的是通过坐标变换,求得井筒坐标系下井壁应力分量,从而根据破坏准则,推导临界出砂压差。

第一个坐标系是地应力坐标系(x', y', z'),垂向主应力 σ_H 和 z' 平行,水平最大主应力 σ_H 和 x' 平行,水平最小主应力 σ_h 和 y' 平行。第二个坐标系是井筒坐标系(x, y, z),z 轴和井轴平行,x 轴沿着井轴在投影方向,y 轴垂直于 x 轴和 z 轴。其中 i 为井斜角、α 是井斜方位角、θ 为沿着井筒(z 轴)旋转的角。

地应力坐标系下,三向主应力坐标变换后得到井筒坐标系下的应力分量:

$$\sigma_{xx}^o = l_{xx'}^2 \sigma_H + l_{xy'}^2 \sigma_h + l_{xz'}^2 \sigma_v \qquad (3-1-2)$$

$$\sigma_{yy}^o = l_{yx'}^2 \sigma_H + l_{yy'}^2 \sigma_h + l_{yz'}^2 \sigma_v \qquad (3-1-3)$$

$$\sigma_{zz}^{\circ} = l_{zx'}^2 \sigma_H + l_{zy'}^2 \sigma_h + l_{zz'}^2 \sigma_v \qquad (3-1-4)$$

$$\tau_{xy}^{\circ} = l_{xx'} l_{yx'} \sigma_H + l_{xy'} l_{yy'} \sigma_h + l_{xz'} l_{yz'} \sigma_v \qquad (3-1-5)$$

$$\tau_{yz}^{\circ} = l_{yx'} l_{zx'} \sigma_H + l_{yy'} l_{zy'} \sigma_h + l_{yz'} l_{zz'} \sigma_v \qquad (3-1-6)$$

$$\tau_{zx}^{\circ} = l_{zx'} l_{xx'} \sigma_H + l_{zy'} l_{xy'} \sigma_h + l_{zz'} l_{xz'} \sigma_v \qquad (3-1-7)$$

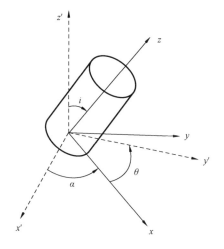

图 3-1-1 地应力坐标系和井筒坐标系

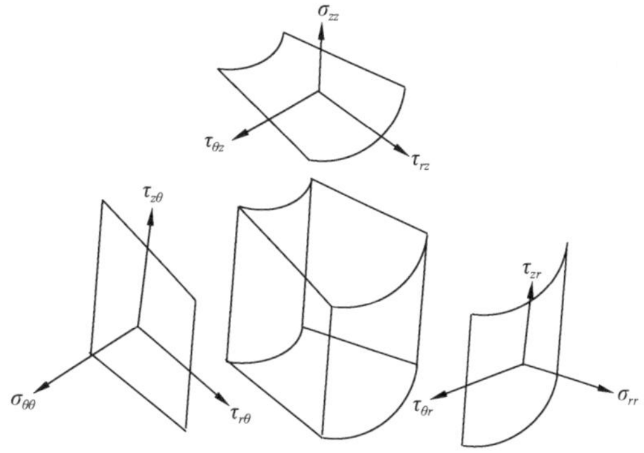

图 3-1-2 井壁上应力分量

其中

$$l_{xx'} = \cos\alpha\cos i, l_{xy'} = \sin\alpha\cos i, l_{xz'} = -\sin i \qquad (3-1-8)$$

$$l_{yx'} = -\sin\alpha, l_{yy'} = \cos\alpha, l_{yz'} = 0 \qquad (3-1-9)$$

$$l_{zx'} = \cos\alpha\sin i, l_{zy'} = \sin\alpha\sin i, l_{zz'} = \cos i \qquad (3-1-10)$$

2. 井壁上的应力

在柱坐标系 (r,θ,z) 下，r 代表井壁到井轴的距离，θ 为相对与 x 轴的夹角。图 3-1-2 是井壁上各应力分量示意图。沿着井轴方向距离井壁 r 的位置上各应力分量柱坐标系下可表达为：

$$\sigma_{rr} = \frac{\sigma_{xx}^{\circ} + \sigma_{yy}^{\circ}}{2}\left(1 - \frac{R_w^2}{r^2}\right) + \frac{\sigma_{xx}^{\circ} - \sigma_{yy}^{\circ}}{2}\left(1 + 3\frac{R_w^4}{r^4} - 4\frac{R_w^2}{r^2}\right)\cos2\theta +$$

$$\tau_{xy}^{\circ}\left(1 + 3\frac{R_w^4}{r^4} - 4\frac{R_w^2}{r^2}\right)\sin2\theta + p_w\frac{R_w^2}{r^2} \qquad (3-1-11)$$

$$\sigma_{\theta\theta} = \frac{\sigma_{xx}^{\circ} + \sigma_{yy}^{\circ}}{2}\left(1 + \frac{R_w^2}{r^2}\right) - \frac{\sigma_{xx}^{\circ} - \sigma_{yy}^{\circ}}{2}\left(1 + 3\frac{R_w^4}{r^4}\right)\cos2\theta - \tau_{xy}^{\circ}\left(1 + 3\frac{R_w^4}{r^4}\right)\sin2\theta - p_w\frac{R_w^2}{r^2}$$

$$(3-1-12)$$

$$\sigma_{zz} = \sigma_{zz}^{o} - v_{fr}\left[2\left(\sigma_{xx}^{o} - \sigma_{yy}^{o}\right)\frac{R_w^2}{r^2}\cos2\theta + 4\tau_{xy}^{o}\frac{R_w^2}{r^2}\sin2\theta\right] \qquad (3-1-13)$$

$$\tau_{r\theta} = \frac{\sigma_{yy}^{o} - \sigma_{xx}^{o}}{2}\left(1 - 3\frac{R_w^4}{r^4} + 2\frac{R_w^2}{r^2}\right)\sin2\theta + \tau_{xy}^{o}\left(1 - 3\frac{R_w^4}{r^4} + 2\frac{R_w^2}{r^2}\right)\cos2\theta \quad (3-1-14)$$

$$\tau_{\theta z} = \left(-\tau_{xz}^{o}\sin\theta + \tau_{yz}^{o}\cos\theta\right)\left(1 + \frac{R_w^2}{r^2}\right) \qquad (3-1-15)$$

$$\tau_{rz} = \left(\tau_{xz}^{o}\cos\theta + \tau_{yz}^{o}\sin\theta\right)\left(1 - \frac{R_w^2}{r^2}\right) \qquad (3-1-16)$$

将 $r = R$ 代入式(3-1-11)至式(3-1-16),得到柱坐标系下井壁上的应力:

$$\sigma_{rr} = p_w \qquad (3-1-17)$$

$$\sigma_{\theta\theta} = \sigma_{xx}^{o} + \sigma_{yy}^{o} - 2\left(\sigma_{xx}^{o} - \sigma_{yy}^{o}\right)\cos2\theta - 4\tau_{xy}^{o}\sin2\theta - p_w \qquad (3-1-18)$$

$$\sigma_{zz} = \sigma_{zz}^{o} - v_{fr}\left[2\left(\sigma_{xx}^{o} - \sigma_{yy}^{o}\right)\cos2\theta + 4\tau_{xy}^{o}\sin2\theta\right] \qquad (3-1-19)$$

$$\tau_{r\theta} = 0 \qquad (3-1-20)$$

$$\tau_{\theta z} = 2\left(-\tau_{xz}^{o}\sin\theta + \tau_{yz}^{o}\cos\theta\right) \qquad (3-1-21)$$

$$\tau_{rz} = 0 \qquad (3-1-22)$$

式中　r——井壁到井轴的距离,m;

　　　R_w——井筒半径,m。

3. 交变载荷条件下临界出砂压差新模型

将式(3-1-17)和式(3-1-18)带入摩尔-库仑准则式中,考虑射孔、塑性和交变载荷,导出公式[式(3-1-23),(交变载荷条件下出砂新模型)]:

$$p_d^c = A_1\left[s(1-D)C_{TWD} - 2\sigma_{is}'\right] \qquad (3-1-23)$$

式中　p_d^c——临界出砂压差,MPa;

　　　A_1——塑性常数,由实验确定;

　　　s——常数,当厚壁筒取外径38mm,内径12.6mm,$s = 3.1$;

　　　D——损伤量;

　　　C_{TWD}——射孔孔眼失效强度,可由厚壁筒实验得到;

　　　σ_{is}'——有效主应力组合表达式,水平井和直井表达式不同。

1) 直井临界出砂压差

(1) 正应力状态($\sigma_v' > \sigma_H' > \sigma_h'$)。

$$p_d^c = A_1\left[s(1-D)C_{TWD} - 3\sigma_v' + \sigma_h'\right] \qquad (3-1-24)$$

（2）走滑应力状态（$\sigma'_H > \sigma'_v > \sigma'_h$）。

$$p_d^c = A_1 \left[s(1-D)C_{TWD} - 3\sigma'_H + \sigma'_v \right] \quad (3-1-25)$$

2）水平井临界出砂压差

（1）正应力状态（$\sigma'_v > \sigma'_H > \sigma'_h$）。

$$p_d^c = A_1 \left[s(1-D)C_{TWD} - 3\sigma'_v + \sigma'_h \right] \quad (3-1-26)$$

（2）走滑应力状态（$\sigma'_H > \sigma'_v > \sigma'_h$）。

$$p_d^c = A_1 \left[s(1-D)C_{TWD} - 3\sigma'_H + \sigma'_h \right] \quad (3-1-27)$$

4. 呼图壁储气库分析实例

以呼图壁储气库为例，应用临界出砂新模型，通过分析临界出砂压差，结合边水控制确定临界生产压差，并开展提压实验。

1）呼图壁储气库现状

呼图壁储气库具备北疆环网季节调峰和西气东输二线应急储备双重功能，设计工作气量 $45.1 \times 10^8 m^3$，其中季节调峰 $20.0 \times 10^8 m^3$，应急储备 $25.1 \times 10^8 m^3$。地面集注系统最大注气能力 $1550 \times 10^4 m^3/d$，季节调峰最大采气能力 $1900 \times 10^4 m^3/d$，应急生产最大处理能力 $2800 \times 10^4 m^3/d$。

2）基础参数

（1）地应力数值。

应用凯瑟效应法测试了呼图壁储气库一口注采井地应力数值。测试结果表明，呼图壁储气库处于走滑地应力状态，水平最大主应力梯度平均为 0.026MPa/m，水平最小主应力梯度平均为 0.020MPa/m，垂向应力梯度平均为 0.023MPa/m。储气库储层深度约3500m，则水平最大主应力平均为 91MPa，水平最小主应力平均为 70MPa，垂向应力平均为 81MPa。

表 3-1-1　呼图壁储气库注采井地应力测试结果

井号	层位	深度（m）	围压（MPa）	水平最大主应力梯度（MPa/m）	水平最小主应力梯度（MPa/m）	垂向应力梯度（MPa/m）
HUK18	Z_2^1	3557.7	20	0.026	0.019	0.022
	Z_2^2	3574.1	40	0.026	0.021	0.023

（2）厚壁筒强度（C_{TWD}）。

将钻有同心圆的岩心装在如图 3-1-3 所示的压力室内，加上与地层水平最大主应力相同的轴向压力，然后加载围压，直至岩石发生破坏，测试结果如图 3-1-4 和图 3-1-5 所示。

1#样品 C_{TWD} 值为75MPa，3#样品 C_{TWD} 值为70MPa，平均值约为73MPa。

（3）损伤量（D）。

交变载荷条件下，岩石强度发生变化用损伤量（D）表示。损伤量是交变载荷条件下井壁出砂的一个重要参数。交变载荷条件下岩石强度变化通常用抗压强度变化比例来描述，但是抗压强度变化比例没有考虑塑性变形的影响,因此引进了损伤量指标,同时考虑了抗压强度变化比例和塑性损伤。

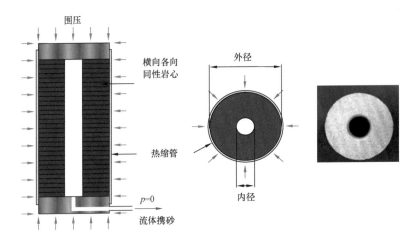

图 3-1-3 厚壁筒实验示意图

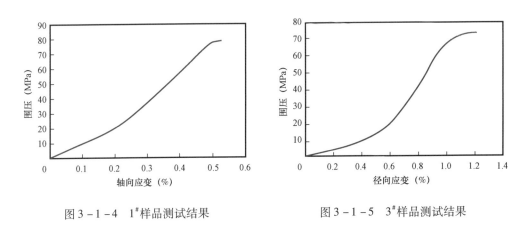

图 3-1-4 1#样品测试结果   图 3-1-5 3#样品测试结果

损伤量定义为:

$$D = \left(1 - \frac{S_2}{S_1}\right) \times 100\% \tag{3-1-28}$$

式中 D——损伤量;

S_1——交变载荷前体积应变和应力轴所围成的面积;

S_2——交变载荷后体积应变和应力轴所围成的面积。

体积应变和应力轴所围成的面积表示应力和应变积分,其包含了抗压强度(应力)和塑性变形(应变)。

针对呼图壁储气库进行实验,交变次数为 50 次;交变频率为 0.1Hz;呼图壁储气库运行压力上限为 34MPa,下限为 18MPa,因此振幅为 16MPa。交变载荷实验表明,岩石损伤量为 9.6% ~ 12.3%,平均为 10.9%(表 3-1-2)。

表 3-1-2　呼图壁交变载荷条件下岩石损伤量

层位	编号	围压(MPa)	轴压变化范围(MPa)	循环次数	加载频率(Hz)	损伤量(%)
Z_{22}	A1	32	33~43	50	0.1	12.3
	A2				0.1	10.8
	A3				0.1	9.6

3)计算结果分析

呼图壁储气库为走滑应力状态,选择式(3-1-25)计算临界出砂压差。式中 $\sigma_v = 81\text{MPa}$,$\sigma_H = 91\text{MPa}$,$\sigma_h = 70\text{MPa}$;$\sigma'_H = \sigma_H - p$,$\sigma'_h = \sigma_h - p$,$\sigma'_v = \sigma_v$;$D = 0.13$,$A_1 = 3.2$,$C'_{\text{TWD}} = C_{\text{TWD}} - p_o$($C_{\text{TWD}} = 70$,选择最小值)。

呼图壁储气库运行压力(p_o)上限为34MPa,下限为18MPa。在储气库下限压力(即 $p_o = 18\text{MPa}$)时,计算临界出砂压差 $p_d^c = 7.2\text{MPa}$。当储气库压力高于下限压力时,$p_d^c > 7.2\text{MPa}$。因此,选择 $p_d^c = 7.2\text{MPa}$ 为模型计算临界出砂压差(表3-1-3)。

表 3-1-3　储气库不同运行压力下临界出砂压差分析计算(p_d^c)

p_o	σ_v	σ_H	σ_h	σ'_v	σ'_H	σ'_h	C'_{TWD}	D	p_d^c
18	81	91	70	81	73	52	52	0.13	7.2
19	81	91	70	81	72	51	51	0.13	8.2
20	81	91	70	81	71	50	50	0.13	9.1
21	81	91	70	81	70	49	49	0.13	10.1
22	81	91	70	81	69	48	48	0.13	11.1
23	81	91	70	81	68	47	47	0.13	12.0
24	81	91	70	81	67	46	46	0.13	13.0
25	81	91	70	81	66	45	45	0.13	14.0
26	81	91	70	81	65	44	44	0.13	14.9
27	81	91	70	81	64	43	43	0.13	15.9
28	81	91	70	81	63	42	42	0.13	16.9
29	81	91	70	81	62	41	41	0.13	17.8
30	81	91	70	81	61	40	40	0.13	18.8
31	81	91	70	81	60	39	39	0.13	19.8
32	81	91	70	81	59	38	38	0.13	20.8
33	81	91	70	81	58	37	37	0.13	21.7
34	81	91	70	81	57	36	36	0.13	22.7

4)室内验证

室内采用出砂模拟实验验证新模型的可靠性。将轴向应力改为交变应力,模拟储气库注采特点。采用38mm外径岩样,在样品截面中心钻一个12.6mm的同心孔眼,模拟射孔孔眼。在岩心上部和下部的压头里各封装一个纵波传晶体和一个横波传晶体。增加围压,当射孔孔眼内出砂后,纵波探头能够接收到声发射信号,探头将信号传给声发射仪并进行处理,调整合适的门槛,滤掉环境背景噪声,以便接收到由出砂引起的声发射信号。绘制横轴为应力、纵轴为累计声发射事件图,累计声发射事件突然增多的点称为"出砂点",对应的应力值为临界出砂压差。

对呼图壁储气库 HUK18 井开展了三个样品(T1、T2、T3)的出砂模拟实验,三个样品的临界出砂值分别为 6.54MPa、6.50MPa 和 6.74MPa。图 3 - 1 - 6 为实验后孔眼出砂情况。根据射孔井出砂模型计算呼图壁储气库临界出砂生产压差 7.2MPa,出砂模型计算与模拟实验对比误差小于 5%(图 3 - 1 - 7)。

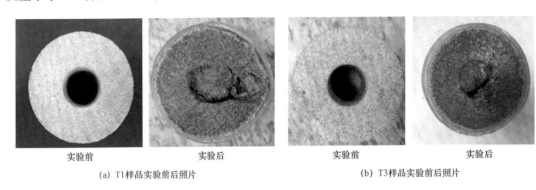

(a) T1样品实验前后照片   (b) T3样品实验前后照片

图 3 - 1 - 6 样品实验前后对比图

综合考虑计算模型和出砂模拟实验,确定呼图壁储气库临界出砂压差为 6.5MPa。

5)现场提压试验

为避免水侵造成库容损失及速敏出砂风险,储气库初期将边部井生产压差控制在 3MPa 以下,其他井控制在 3.5MPa 以下。应用新模型和室内模拟实验确定呼图壁储气库临界出砂压差为 6.5MPa,取安全系数 0.95,最大生产压差可取 6.2~6.3MPa,目前设计最大生产压差仅为 3.5MPa,存在较大提升空间。

2016—2017 年,呼图壁储气库开展了 20 口井提高生产压差现场试验,综合考虑边水和临界出砂压差,生产压差提高至 4.2~6.2MPa 不等,日调峰能力增加 $315 \times 10^4 \mathrm{m}^3$。其中三口井生产压差提高到 6.2MPa,生产未见出砂。

三、完井方式确定

目前,油气藏的完井方法细分有 10 余种之多,适用于储气库的完井方法主要有筛管完井法和射孔完井法两种。

筛管完井:其优点在于能提高注采气量,减少固井和射孔对储层的伤害;缺点在于受地层条件限制,层间干扰大。国外储气库采用筛管完井实例较多。

射孔完井:射孔完井是国内外储气库应用最多的完井方式。套管射孔完井既可选择性地射开不同物性的储气层,以避免层间干扰,还可避开夹层水和底水,避免夹层的坍塌,具备实施分层注、采等分层作业的条件。砂岩或碳酸盐岩油气层均可采用此完井方式。

在进行储气库注采井完井方式选择前,首先要开展一系列室内实验评价和分析工作。实验评价和分析工作的重点围绕岩石力学实验评价、井壁稳定性、气藏开发阶段生产井出砂情况分析、生产井防砂措施及效果分析、修井作业井底沉砂情况等方面来开展。

通过岩石力学实验评价,确定储层的岩石抗压强度、杨氏模量和泊松比等基础参数。根据

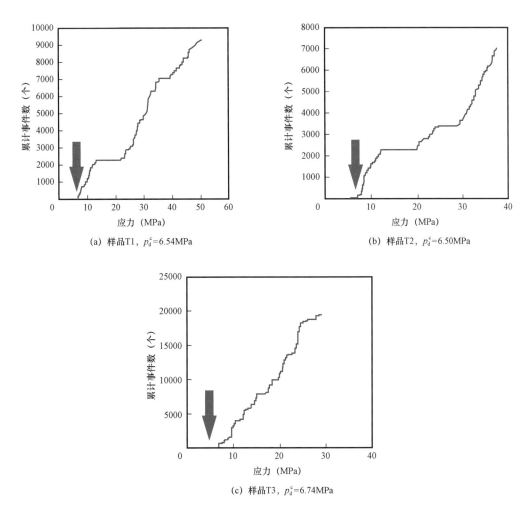

(a) 样品T1, p_d^c=6.54MPa

(b) 样品T2, p_d^c=6.50MPa

(c) 样品T3, p_d^c=6.74MPa

图3-1-7 样品临界出砂生产压差实验记录

岩石力学实验结果和气藏地应力数据,进行井壁上最大剪切应力和岩石抗剪切强度关系的计算分析,建立井壁稳定性分析预测模型。

射孔完井需对射孔工艺、射孔参数和射孔液等进行详细的研究,以满足储气库注采井"大进大出"的要求。

目前国内已建的枯竭油气藏型储气库中,大部分采用套管射孔完井;华北油田永22储气库群为碳酸盐岩储层,采用普通筛管完井;在部分砂岩储层水平注采井中开展了防砂筛管完井试验。国内气藏型储气库完井方式见表3-1-4。

四、完井液

(一)完井液的功能

完井液是新井从钻开产层到正式投产前,由于作业需要而使用的任何接触储气层的液体,保证井下作业顺利进行并实现储气层保护。

表 3 – 1 – 4　国内 6 座枯竭气藏储气库完井方式统计表

油田	目的层位	主要岩性	完井方式
华北	奥陶系、二叠系上石盒子组	裂缝性灰岩和白云岩、砂泥岩	筛管、套管射孔（苏 20K – P1）
辽河	沙 1 + 2	砂砾岩、粗砂岩、细砂岩	筛管、套管射孔
新疆	紫泥泉子组	泥岩、细砂岩	筛管（水平井） 套管射孔（直井）
大港	板Ⅰ、板Ⅲ、滨Ⅳ	粉沙岩	套管射孔（定向井） 筛管（水平井）
西南	石炭系	白云岩、石灰岩	筛管
长庆	奥陶系马五$_1^3$	白云岩	筛管

完井液须具备如下功能：

（1）控制地层流体压力，保证正常作业。

（2）具有满足井下作业工程必需的流变性。

（3）稳定井壁。

（4）改善造壁性能。

（5）防止对储气层的损害。

（二）完井液体系

钻井工程钻开储气层时，打破了储气层原有的平衡状态，使储气层开始与外来工作液接触，与此同时会给储气层带来一定的影响，甚至伤害。因此，钻开储气层时，防止储气层伤害是完井工程中必须充分重视的一个环节。

储气层特性不同，完井液对其伤害的机理有着很大的差别。认清其伤害机理，找出其伤害原因，筛选与之相适应的完井液体系和确定相应的应用工艺，是保护储气层完井液技术的核心内容。

国内比较成熟的保护储气层的完井液（或流体）可分为三种不同的类型：水基完井液、油基完井液和气体型完井流体。

1. 水基完井液

水基完井液是目前国内外油田使用最普遍的一类完井液，水为体系中的连续相，辅以其他处理剂为分散相配置而成，其特点是成本低、配制和维护简单、处理剂来源广、可供选择的配方多，同时性能容易控制和调节，应用极为广泛。

目前水基完井液类型众多，主要包括无固相清洁盐水完井液、无膨润土相聚合物完井液、低膨润土相聚合物完井液、改性完井液、阳离子聚合物完井液、屏蔽暂堵型完井液、两性离子聚合物完井液、正电胶（阳离子聚合物）完井液和水包油型完井液等众多类型。

2. 油基完井液

油基完井液体系是以油为连续相、水为分散相的一类完井液体系。由于这类完井液的滤液为油，不会引起储气层中的黏土矿物水化膨胀分散，能有效地避免储气层中的黏土矿物发生水化膨胀、分散运移，而防止完井液滤液产生水敏伤害。同时，对于水润湿的储气层，进入储气层的油性滤液容易返排出来,不会引起水锁伤害。所以,这类完井液可以防止或减轻水基完井液引起的水敏及水锁伤害问题,特别适用于低压、低渗透、强水敏的储气层,以及用水基完井液难以完成的各种复杂地层。

油基完井液的优点很多,保护油气层的效果好,油性滤液进入储层不引起水敏、水锁、碱敏和结垢伤害;在各种条件下性能稳定、抗伤害能力强,能满足钻井施工的需要。

同时,油基完井液的缺点也十分突出:成本高、容易引发火灾、对录井有影响;存在使油层润湿反转、降低油相渗透率、与地层水乳化等伤害。

按油基完井液中的含水量、完井液的抗温性和毒性的不同,这类完井液又可分为以下 5 种:纯油基完井液、油包水乳化完井液、抗高温高密度油包水乳化完井液、低胶质油包水完井液和低毒无荧光油包水乳化完井液。

3. 气体型完井流体

气体型完井流体是指完井流体中含有人为充入的气体的一类完井流体,特点是密度低、失水量小、不易发生漏失和储气层保护的效果好。该类完井液适用于技术套管下至储气层顶部的低压、易漏失、强水敏油气层、长泥页岩井段,但需要储气层具有很好的井壁稳定特性,在硬石灰岩层、硬石膏层、易漏地层、严重缺水地区也有应用。

气体型完井流体分为以下 4 种:气体完井流体、雾化完井流体、泡沫完井流体、充气完井液等。

第二节 注 采 管 柱

注采管柱是储气库注气和采气的唯一通道,注采管柱设计是注采井完井设计的关键环节之一。重点要做好管柱结构、井下工具、管柱尺寸、管柱强度的设计工作,保障注采井的安全运行。

一、管柱结构设计

同油气田生产井相比,储气库注采井具备注气和采气双重功能,并且具有注采气量大、压力高且周期性变化等特点,注采管柱承受的气量、压力和温度变化范围大。因此,注采管柱要能够满足特殊工况条件的需要,能够在交变载荷作用下长期安全工作,能够防止大流量对注采管柱的冲蚀,具有良好的气密封性能,能够在发生意外情况时迅速关井。同时,能够满足生产动态监测的要求[3]。

(一)原则

储气库注采管柱设计应遵循以下原则:

(1)功能完备。能满足注采气生产和井下作业过程中的安全控制、动态监测、循环、压井、掏空诱喷等功能。

(2)结构简单、安全可靠。管柱结构简单、合理、适用,能在预定的工况条件下实现长期安全生产。

(3)能够在长周期交变载荷下,保持管柱密封性。

（4）保护生产套管，延长注采井适用寿命。

（二）典型管柱结构

经过多年的现场实践，不断优化完善，基本形成了比较成熟的注采管柱结构，能够较好地满足大气量注采和长期安全运行的要求[4-6]。

典型的注采管柱结构为：引鞋＋坐落接头＋油管短节＋带孔管＋油管短节＋坐落接头＋油管短节＋1 根油管＋油管短节＋封隔器总成＋油管短节＋1 根油管＋油管短节＋滑套＋油管短节＋油管＋油管短节＋下流动短节＋井下安全阀＋上流动短节＋油管短节＋油管＋油管挂。如图 3－2－1 所示。

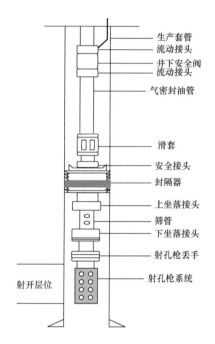

图3－2－1 储气库注采井注采管柱设计图

这种管柱结构设计的特点是井下安全阀在异常情况下可实现气井的快速关断，即使井口采气树漏气、损毁，井下安全阀也能快速切断井底天然气上行的通道，为注采井安全运行提供了保障。循环滑套可以在注采完井作业中满足循环、掏空诱喷等作业要求，在后期作业中满足循环、压井等作业要求。封隔器总成可实现对注采井的安全控制，改善管柱受力状况，保护生产套管。配套的坐落接头可以投放压力计监测，实现对储气库的监测，同时也可投放堵塞器，用于后期不压井作业。

（三）管柱结构类型

根据储气库井的类型和实际功能不同，管柱结构主要分为 4 种管柱结构，如图 3－2－2 所示。

（1）注采井管柱结构：油管挂＋油管＋井下安全阀＋循环滑套＋封隔器＋坐落接头＋带孔管＋坐落接头＋射孔枪（可选）。

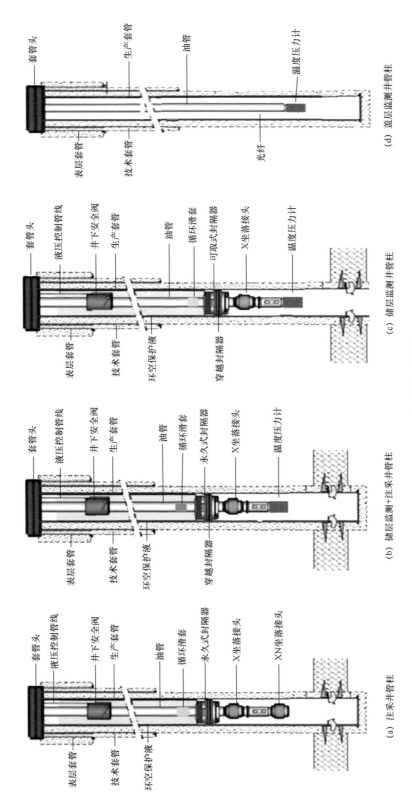

图 3 - 2 - 2 不同类型井管柱结构示意图

（2）具备监测功能的注采井管柱结构：油管挂＋油管＋井下安全阀＋循环滑套＋封隔器＋坐落接头＋永久式温度压力计(需穿越封隔器)。

（3）储气层监测井管柱结构：油管挂＋油管＋井下安全阀＋循环滑套＋封隔器＋坐落接头＋永久式温度压力计(需穿越封隔器)。

（4）盖层/断层监测井管柱结构：盖层/断层监测井管柱结构由上到下依次为：油管挂＋油管＋永久式温度压力计。

二、井下工具优选

根据国内外储气库建设经验，考虑到井下工具的长期使用，要求井下工具压力等级满足工况要求，外径与生产套管内径匹配，内径尽量与油管保持通径，材质防腐等级等于或略高于油管材质，螺纹与油管螺纹一致。目前，国内已建储气库的注采管柱结构基本成熟，都配备有井下安全阀、封隔器、坐落短节等井下工具；大港油田、华北油田和辽河油田等储气库注采管柱上配有循环滑套，呼图壁储气库和相国寺储气库注采管柱上取消了循环滑套。

注采管柱主要井下工具的功能及用途见表3-2-1。

表3-2-1　注采管柱主要井下工具功能及用途

名称	功能及用途
井下安全阀	金属阀瓣密封，具有自平衡系统、自锁常开等功能，用液压管线连接到地面控制系统控制其开关；用于紧急情况下实现井下关井，切断气源
流动短节	安装于安全阀的两端，内径与安全阀内径相同，稳定井下流体流态，消减流体对安全阀的冲蚀
滑套	采用钢丝作业下入专用工具，可实现滑套开、关； 用于建立井内循环通道，满足替换保护液、循环压井等需要
锚定工具	卡瓦锚定，可承受双向载荷；采用插入密封方式与封隔器连接，并可正旋起出上部管柱
液压永久封隔器	实现注采井的安全自动控制；用于封隔上部油套环空、保护上部套管，并封存环空保护液；与工作筒配合可封堵井筒，实现带压作业
上工作筒	与堵塞器配套为液压坐封封隔器及带压作业提供条件
下工作筒	悬挂电子压力计，可监测井下压力等参数

（一）井下安全阀

井下安全阀及地面控制系统是确保注采井安全生产的重要设备，在异常情况下可实现注采井的快速关断。目前，现场使用的均为油管起下地面控制的井下安全阀，液压控制，安装在井口以下100m左右。由于井下安全阀内径与油管内径稍有差别，为避免高速流体对安全阀造成冲蚀，在安全阀上下两端安装流动短节。

选用的井下安全阀满足：(1)关闭状态下阀板与阀座为金属对金属密封，确保关井安全；(2)中心流动管与活塞为一体性设计，保护安全阀内部部件不受井内流体冲蚀；(3)具有自平衡功能，开关操作简单方便；(4)部件材质耐 CO_2 和 H_2S 腐蚀；(5)本体与接头连接螺纹均为金属对金属的气密封螺纹。

除了井下安全阀之外，地面还配有高低压传感器、易熔塞，共同构成了安全控制系统。高低压传感器相当于压力检测装置,检测到压力高于或低于设定值时,向执行机构发出指令自动关闭井下安全阀。采气树上方安装的易熔塞,当井口区发生火灾,温度高于易熔塞的设定值时,易熔塞融化,井口控制盘回路泄压,自动关闭井下安全阀。

(二)循环滑套

循环滑套主要用于在注采完井作业时建立循环通道,也可以在修井作业时替压井液进行循环压井。循环滑套需要采用钢丝作业下专业工具进行打开或关闭。目前,呼图壁储气库和相国寺储气库注采管柱上没有安装循环滑套,主要是为了避免循环滑套发生潜在的泄漏。不安装循环滑套,在进行注采完井作业时,要优化施工工艺;在后续修井作业时,需要进行油管打孔实现循环压井。在进行储气库注采管柱设计时,需根据实际工况条件及工艺特点,综合评价是否安装循环滑套。

(三)封隔器

封隔器分为永久式封隔器和可取式封隔器。永久式封隔器结构简单,胶筒厚度大,可靠性高,不存在受管柱附加载荷影响提前解封风险,后期解封需要进行磨铣或下专用工具。可取式封隔器结构较复杂,可通过上提解封,操作简单。如果出现不能正常上提解封情况时,需要切割油管,进行磨铣作业。

已建储气库中注采井多采用永久式封隔器,监测井和部分注采井采用可取式封隔器。

安装井下压力监测装置的井,需要选择能够实现管线穿越的封隔器。

(四)坐落接头

根据用途,注采管柱中可安装两个坐落接头。上坐落接头主要用于配合堵塞器实现管柱上下隔绝;下坐落接头主要用于安装存储式温度压力计进行阶段性温度压力监测。

三、油管尺寸设计

注采管柱需满足方案设计的注采能力,满足携带井底液体的能力。同时还需满足在强注强采过程中不会发生冲蚀,并在经济合理的条件下,尽可能减少注采气的压力损失。

(一)节点分析

首先利用节点分析法,通过节点前后不同的相关式求解最大流量值,或绘制流入流出曲线图,其交汇点即为该状态下的系统最大流量值。然后利用最小携液流量和最大冲蚀流量两个限制性因素进行核定,当最大流量值符合各项核定条件时,则该最大流量即可设定为合理流量值。

如国内某储气库,垂直深度1200m,斜深1500m,采出气相对密度为0.60,井底温度56.5℃,压力运行区间7~12MPa,含液量1.0m³/10⁴m³。

1. 采气阶段

采气产能方程为:

$$q_{\text{g}} = 1.7935(p_{\text{R}}^2 - p_{\text{wf}}^2)^{0.6292}$$

计算了 ϕ73mm 和 ϕ88.9mm 两种油管的最佳采气量,同时根据外输管道压力要求,设定了井口压力 4MPa 的限定条件(有时需根据地面工程的情况,计算多组不同井口压力限制条件下的最佳气量)(图 3 – 2 – 3,表 3 – 2 – 2 和表 3 – 2 – 3)。

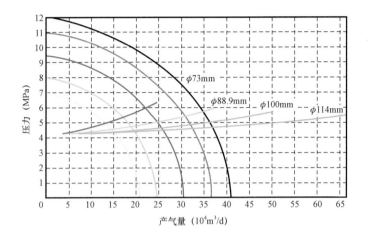

图 3 – 2 – 3　某储气库流入、流出曲线图(井口压力 4MPa)

表 3 – 2 – 2　不同地层压力下两种油管的最佳采气量

油管外径(mm)	不同地层压力下的最佳采气量($10^4 m^3$)					
	7MPa	8MPa	9MPa	10MPa	11MPa	12MPa
73.0	14.5	18.0	21.5	24.0	27.0	30.0
88.9	15.5	20.0	24.0	27.5	31.0	34.5

表 3 – 2 – 3　不同地层压力下两种油管的携液流量

油管外径(mm)	不同地层压力下的携液流量($10^4 m^3$)					
	7MPa	8MPa	9MPa	10MPa	11MPa	12MPa
73.0	2.98	2.96	2.95	2.93	2.93	2.93
88.9	4.50	4.48	4.46	4.45	4.45	4.42

表 3 – 2 – 4　不同地层压力下两种油管的冲蚀流量

油管外径(mm)	不同地层压力下的冲蚀流量($10^4 m^3$)					
	7MPa	8MPa	9MPa	10MPa	11MPa	12MPa
73.0	22.16	23.21	24.96	25.85	27.20	29.54
88.9	33.2	33.9	34.5	35.6	36.6	37.6

根据计算可以得出,在 7 ~ 12MPa 压力区间内,ϕ73mm 油管的最佳采气量为 14.5×10^4 ~ $30 \times 10^4 m^3/d$,ϕ88.9mm 油管的最佳采气量为 15.5×10^4 ~ $34.5 \times 10^4 m^3/d$。然而考虑冲蚀流速和携液流速后,对于 ϕ73mm 油管的产气量应控制在 14.5×10^4 ~ $20 \times 10^4 m^3/d$,对于 ϕ88.9mm 油管的产气量应控制在 15.5×10^4 ~ $35 \times 10^4 m^3/d$。

根据上述计算结果,综合考虑地质产能、钻完井工艺技术、施工成本等因素,最终确定采用 ϕ177.8mm 生产套管和 ϕ88.9mm 油管,注采井日调峰气量 15×10^4 ~ $30 \times 10^4 m^3/d$。

2. 注气阶段

注气产能方程：

$$q_i = 1.7935 \left(p_{wf}^2 - p_s^2 \right)^{0.6292}$$

计算在地层运行压力区间范围内，不同注气量时的井口压力，主要是为地面压缩机及相关设备选型提供依据（表3-2-5）。

表3-2-5 ϕ88.9mm 油管注气井口压力预测表

地层压力（MPa）	不同注气量下的井底流压和井口压力（MPa）					
	$15 \times 10^4 m^3$		$20 \times 10^4 m^3$		$30 \times 10^4 m^3$	
	井底流压	井口压力	井底流压	井口压力	井底流压	井口压力
7	8.8453	8.30	9.7565	9.25	11.7040	11.27
9	10.4995	9.77	11.2778	10.58	12.9994	12.40
12	13.1620	12.16	13.7909	12.82	15.231	14.35

（二）根据临界冲蚀流量设计油管尺寸

由于注采井强注强采的特点，注采管柱的抗冲蚀能力是尺寸设计的关键因素之一。管柱抗冲蚀能力通过临界冲蚀流量判定。通过计算不同压力条件、不同尺寸油管的临界冲蚀流量，确保最大注采气量小于临界冲蚀流量，保证注采管柱不发生冲蚀破坏[8,9]。

依据 API RP 14E—2007 标准，临界冲蚀流速计算方程为：

$$v_e = \frac{C}{\sqrt{\rho_m}} \qquad (3-2-1)$$

式中 v_e——临界冲蚀流速，m/s；

ρ_m——混合物密度，kg/m³；

C——临界冲蚀系数，常数，$\left[kg/(s^2 \cdot m) \right]^{0.5}$。

由于地下储气库担负紧急调峰的任务，采气量是根据目标市场用气量确定。因此，控制气体流速的方法只能是根据采气量确定合理的油管尺寸。

$$v = 1.47 \times 10^{-5} \frac{Q}{d^2} \qquad (3-2-2)$$

$$\rho = 3484.4 \frac{\gamma p}{ZT} \qquad (3-2-3)$$

因此，可得出一定采气量下的最小油管直径：

$$d = 295 \times 10^{-3} \sqrt{Q \sqrt{\frac{\gamma p}{ZT}}} \qquad (3-2-4)$$

式中 v——冲蚀流速，m/s；

ρ——气体密度，kg/m³；

γ——气体相对密度;

p——油管流动压力,MPa;

Z——气体压缩系数;

T——气体温度,K;

Q——采气量,$10^4 \text{m}^3/\text{d}$;

d——油管直径,mm。

对于 C 值的取值,在不出砂的情况下,常规做法是:间歇工况,存在腐蚀介质时 $C=125$,不存在腐蚀介质或采用有效防腐措施时 $C=250$;连续工况,存在腐蚀介质时 $C=100$,不存在腐蚀介质或采用有效防腐措施时 $C=150\sim200$。

行业内多认为 API RP 14E 中临界冲蚀系数 C 取值偏保守。国外石油公司最高取值已达到 350。目前,国内储气库进行 C 取值时,一般为 $100\sim150$。

针对强注强采条件下临界冲蚀流量,国内开展了相关实验研究工作。

针对储气库实际注采特征,采用高温高压旋转笼和高温高压环路以及气、液、固三相环路装置优化组合,利用壁面剪切力为等效手段,参考 ASTM 推荐的实验做法,开展不同材质油管(N80、SM80S 和 S13Cr)的临界冲蚀流量室内研究。实际工况与不同实验装置下壁面剪切力的计算是实验设计的基础。各实际工况的壁面剪切力使用 Hydrocor 软件计算得出,腐蚀环路的剪切力结合流体力学公式及 Hydrocor 软件计算得出,旋转笼所能达到的壁面剪切力使用力学公式计算得出。

环路的壁面剪切力计算公式为:

$$\tau = (f_\text{D}\rho v^2)/8 \qquad (3-2-5)$$

式中　τ——壁面剪切力,MPa;

f_D——达西摩擦系数,可由式(3-2-6)计算得出;

ρ——流体密度,kg/m³;

v——流体的流速,m/s。

$$\frac{1}{\sqrt{f_\text{D}}} = -2\lg\left(\frac{\varepsilon/d}{3.7} + \frac{2.51}{Re\sqrt{f_\text{D}}}\right) \qquad (3-2-6)$$

式中　ε——材质的表面粗糙度,μm;

d——管径,m;

Re——雷诺数。

通过高温高压旋转笼及高温高压环路相关实验,对 3 种管材(N80、SM80S 和 S13Cr)分别在纯气相和气液两相及气、液、固三相工况下的临界冲蚀流速进行了测试,测试结果表明,N80/SM80S/S13Cr 管材在模拟纯气相工况条件下均未发生冲蚀;N80/SM80S 在含腐蚀性气体气液两相工况下冲蚀敏感性较高,冲蚀程度随温度升高先增加后降低,在 $60\sim80$℃存在冲蚀峰值,随壁面剪切应力、含水率和 CO_2 分压升高,N80/SM80S 冲蚀程度增加;S13Cr 管材在模拟气液两相工况下冲蚀敏感性较低,冲蚀程度随壁面剪切应力升高而增加。同时应关注水化学结垢对 S13Cr 点蚀萌生和发展的促进作用;在气、液、固三相工况条件下,N80/SM80S/S13Cr

管材冲蚀程度随温度、砂粒浓度、砂粒粒径、气相流速、CO_2 分压的增大而增加,在不含腐蚀性气体条件下,S13Cr 管材耐冲蚀性能要优于 N80/SM80S 管材,CO_2 腐蚀性气体存在能够明显促进 S13Cr 冲蚀。

基于大量的实验数据分析,建立了储气库注采管柱临界冲蚀流量取值模型:

(1)当流体含砂时,如果管柱材质为 N80/SM80S,且流体含砂含液,那么应考虑添加缓蚀剂进行冲蚀实验评价,实验结果应无局部腐蚀,且全面冲蚀速率 < 0.1mm/a。

如果含砂但是不含液,或者含砂,管柱材质为 S13Cr,那么当砂粒浓度 ≤250mg/L 时,$C \geqslant$ 135;当砂粒浓度 >250mg/L 时,应进行冲蚀实验评价,实验结果应无点蚀,且全面冲蚀速率 < 0.1mm/a。

(2)当流体不含砂,且不含液体时,则 $C \geqslant 550$。

(3)当流体不含砂,但是含液时,如果管柱材质为 S13Cr,那么需判断其是否存在结垢风险。如果有结垢风险,那么 $C \geqslant 300$,但需要关注油管在服役工况下的点蚀敏感性。如果无结垢风险,那么当含水率 ≤0.0001% 时,$C \geqslant 300$;当含水率 ≥0.0001% 时,$C \geqslant 240$。

如果管柱材质为 N80/SM80S,当体系中不含腐蚀性气体时,$C \geqslant 300$。如果存在腐蚀性气体,那么需要计算体系的壁面剪切力,当壁面剪切力 ≥70Pa 时,应考虑添加缓蚀剂进行冲蚀实验评价,实验结果应无局部腐蚀,且全面冲蚀速率 < 0.1mm/a。如果壁面剪切力 < 70Pa,当含水率 < 0.00002% 时,$C \geqslant 200$;当含水率 ≥0.00002% 时,则需要进一步判断其 CO_2 分压。当 CO_2 分压 < 0.021MPa 时,$C \geqslant 200$;当 CO_2 分压 > 0.21MPa 时,应考虑添加缓蚀剂进行冲蚀实验评价,实验结果应无局部腐蚀,且全面冲蚀速率 < 0.1mm/a;当 CO_2 分压介于两者之间时,$C \geqslant 135$。

通过使用高温高压旋转笼及高温高压环路实验,对 4 个储气库的临界冲蚀流量提高幅度进行了测试,测试结果表明,相国寺储气库,使用管柱材质为 SM80S,不含水,临界冲蚀流量可提高 50%;大港储气库,使用管柱材质为 N80/SM80S,含水率为 0.000235%,临界冲蚀流量不宜提高;呼图壁储气库,使用管柱材质为 S13Cr,含水率为 0.0001%,临界冲蚀流量可提高 50%;苏 4 储气库,使用管柱材质为 S13Cr,含水率为 0.000625%,临界冲蚀流量可提高 50%。

(三)根据临界携液流量设计油管尺寸

临界携液流量的主要影响因素包括:压力、温度、水气比、流体密度、管柱尺寸和界面张力等。目前国内外常用的临界流量计算模型和方法主要有杨川东模型、最小动能因子方法、Turner 模型、李闽模型和球帽模型等,各种方法计算出来的结果相差很大。因此,针对不同的储气库需要结合具体地质和生产情况优选适合的临界流量计算模型(表 3 - 2 - 6)。

1. 杨川东模型

$$u_{kp} = 0.03313 \left(10553 - 34158 \frac{\gamma_g p_{wf}}{ZT} \right)^{\frac{1}{4}} \left(\frac{\gamma_g p_{wf}}{ZT} \right)^{-\frac{1}{2}} \qquad (3 - 2 - 7)$$

$$q_{kp} = 0.648 \left(\gamma_g ZT \right)^{-\frac{1}{2}} \left(10553 - 34158 \frac{\gamma_g p_{wf}}{ZT} \right)^{\frac{1}{4}} \left(p_{wf} \right)^{\frac{1}{2}} d^2 \qquad (3 - 2 - 8)$$

式中 u_{kp} ——气井连续排液的临界流速,m/s;

q_{kp}——气井连续排液的临界流量,$10^3 m^3/d$;

γ_g——天然气相对密度;

p_{wf}——井底流压,MPa;

Z——天然气偏差系数;

T——井底气流温度,K;

d——油管内径,mm。

2. 最小动能因子方法

$$F = 2.9 \times 10^{-7} \frac{Q_g}{d^2} \sqrt{\frac{\gamma_g TZ}{p}} \qquad (3-2-9)$$

式中　F——动能因子;

Q_g——日产气量,m^3/d;

γ_g——天然气相对密度;

Z——井底条件下天然气偏差系数;

T——井底气流温度,K;

d——油管内径,m;

p——井底流动压力,MPa。

3. Turner 模型

$$v_g = 6.55 \times \left[\frac{\sigma(\rho_L - \rho_g)}{\rho_g^2}\right]^{0.25} \qquad (3-2-10)$$

$$\rho_g = 3.4844 \times 10^3 \frac{\gamma_g p}{ZT} \qquad (3-2-11)$$

式中　v_g——气流携液临界速度,m/s;

σ——界面张力,缺少资料的情况下可对水取 $\sigma = 0.06N/m$,对凝析油取 $\sigma = 0.02N/m$,N/m;

ρ_L——液体密度缺少资料的情况下可对水取 $\rho_w = 1074kg/m^3$,对凝析油取 $\rho_o = 721kg/m^3$,kg/m^3;

ρ_g——气体密度,kg/m^3;

γ_g——天然气相对密度;

Z——p_{wf},T 条件下天然气偏差系数;

T——井底气流温度,K。

在现场应用时以产量计比较方便,小携液产量的 Turner 计算公式为:

$$Q_{sc} = 2.5 \times 10^4 \frac{A_1 p v_g}{ZT} \qquad (3-2-12)$$

式中　Q_{sc}——最小携液产量,$10^4 m^3/d$;

A_1——油管内截面积,m^2;

p——井底流动压力,MPa。

4. 李闽模型

$$v_g = 2.5 \times \left[\frac{\sigma(\rho_L - \rho_g)}{\rho_g^2}\right]^{0.25} \qquad (3-2-13)$$

$$Q_{sc} = 2.5 \times 10^4 \frac{A_1 p v_g}{ZT} \qquad (3-2-14)$$

式中 v_g——气流携液临界速度,m/s;

σ——界面张力,N/m;

ρ_L——液体密度,kg/m³;

ρ_g——气体密度,kg/m³;

γ_g——天然气相对密度;

Z——天然气偏差系数;

T——井底气流温度,K。

5. 球帽模型

$$v_g = 1.8 \times \left[\frac{\sigma(\rho_L - \rho_g)}{\rho_g^2}\right]^{0.25} \qquad (3-2-15)$$

式中 v_g——气流携液临界速度,m/s;

σ——界面张力,N/m;

ρ_L——液体密度,kg/m³;

ρ_g——气体密度,kg/m³。

取安全系数为25%,则携液临界流速变为:

$$v_g = 2.25 \times \left[\frac{\sigma(\rho_L - \rho_g)}{\rho_g^2}\right]^{0.25} \qquad (3-2-16)$$

$$Q_{sc} = 2.5 \times 10^8 \frac{A_1 p v_g}{ZT} \qquad (3-2-17)$$

表 3-2-6   常用临界流量计算模型

模型/方法	使用条件	液滴模型	阻力系数 C_D	压力选取
杨川东模型	液气比小于 40m³/10⁴m³ 的气井	球形		井底流压
动能因子法	动能因子8.0作为划分雾状流的下限	球形		井底流压
Turner 模型	液气比小于 715.82m³/10⁶m³	球形	0.44	井口压力
李闽模型	液气比小于 715.82m³/10⁶m³	椭球形	1.0	井口压力
球帽模型	液气比小于 715.82m³/10⁶m³	圆锥形	0.75	井口压力

在确定适合的计算模型后,需计算不同尺寸、不同压力条件下的临界携液流量,确定管柱尺寸,确保临界携液流量小于注采气量,保证注采井在整个注采工况下不积液。

（四）根据沿程压力损失设计油管尺寸

计算不同注气量、采气量，不同尺寸管柱的沿程压力损失。在井口注入压力和注气量一定的条件下，油管尺寸越大，井底压力越高，有利于降低井口注入压力。在地层压力和采气量一定的条件下，油管尺寸越大，井口压力越高。

在压力和注采气量一定的条件下，增加油管尺寸可减小沿程压力损失；但一味增加油管尺寸，沿程压力损失降低的幅度不断减小，应综合考虑临界冲蚀流量、临界携液流量、沿程压力损失以及经济因素，选择合理的管柱尺寸。国内气藏型储气库多采用 $\phi114.3mm$ 油管，还有少量 $\phi88.9mm$ 和 $\phi76mm$ 油管，相国寺储气库 2 口井采用了 $\phi177.8mm$ 大尺寸油管进行注采。

四、注采管柱强度分析

由于储气库需要进行周期性的注气与采气作业，导致管柱内外的温度和压力也发生周期性的变化，进而导致管柱承受周期性的交变载荷，对管柱安全影响大，需进行力学分析，计算管柱抗拉、抗内压、抗外挤和三轴应力安全系数，确保管柱安全系数满足要求，保证管柱在运行工况下安全、可靠。

（一）管柱基本效应

管柱在注采工况影响下，会表现出以下 4 种基本的效应：

（1）活塞效应。因内、外流体作用在管柱直径变化处和密封管的端面引起管柱长度变化的效应。

（2）鼓胀效应。因内外压差作用使管柱的直径增大或缩小的效应，一般分为正鼓胀效应和反鼓胀效应。

（3）螺旋弯曲效应。因作用在管柱两端的压力大于失稳压力，使管柱产生螺旋弯曲变形的效应。

（4）温度效应。因管柱平均温度变化引起的长度变化的效应。

活塞效应、鼓胀效应、螺旋弯曲效应和温度效应的结果都是导致管柱发生轴向变形，管柱的总变形为各种效应导致变形之和。

（二）静力学校核

1. 抗拉强度校核

管柱抗拉安全系数表示为：

$$K_r = \frac{F_r}{q_e L} \tag{3-2-18}$$

式中　K_r——管柱抗拉安全系数；

　　F_r——管柱抗拉强度，N；

　　q_e——油管在内外流体作用下单位长度的重量，N/m；

　　L——管柱长度，m。

2. 抗内压强度校核

管柱抗内压安全系数表示为：

$$K_{ri} = \frac{p_{ri}}{\max(p_i - p_o)} \qquad (3-2-19)$$

式中 K_{ri}——管柱抗内压安全系数；

$\quad p_{ri}$——管柱抗内压强度，MPa；

$\quad p_i$——管柱内压力，MPa；

$\quad p_o$——管柱外压力，MPa。

3. 抗挤强度校核

管柱抗外挤安全系数表示为：

$$K_{ro} = \frac{p_{ro}}{\max(p_o - p_i)} \qquad (3-2-20)$$

式中 K_{ro}——管柱抗内压安全系数；

$\quad p_{ro}$——管柱抗内压强度，MPa；

$\quad p_i$——管柱内压力，MPa；

$\quad p_o$——管柱外压力，MPa。

4. 应力强度校核

1）轴向应力

管体轴向应力计算公式为：

$$\sigma_a = \frac{F_a}{A_p} \qquad (3-2-21)$$

式中 σ_a——管体轴向应力，Pa；

$\quad F_a$——管体轴向载荷，N；

$\quad A_p$——管体横截面积，m^2。

2）径向应力和周向应力

管柱由于径向应力和周向应力计算公式为：

$$\sigma_r = \frac{r_i^2 p_i - r_o^2 p_o}{r_i^2 - r_o^2} + \frac{(p_o - p_i)r_i^2 r_o^2}{r^2(r_i^2 - r_o^2)} \qquad (3-2-22)$$

$$\sigma_\theta = \frac{r_i^2 p_i - r_o^2 p_o}{r_i^2 - r_o^2} - \frac{(p_o - p_i)r_i^2 r_o^2}{r^2(r_i^2 - r_o^2)} \qquad (3-2-23)$$

式中 σ_r——径向应力，Pa；

$\quad \sigma_\theta$——周向应力，Pa；

$\quad r$——危险截面上各管壁处计算点的半径，m；

$\quad r_i, r_o$——危险截面管壁的内、外半径，m。

3）米塞斯应力

根据第四强度理论，相当应力计算：

$$\sigma_4 = \frac{\sqrt{2}}{2}\sqrt{(\sigma_a - \sigma_\theta)^2 + (\sigma_\theta - \sigma_r)^2 + (\sigma_r - \sigma_a)^2} \qquad (3-2-24)$$

式中 σ_4——相当应力,Pa。

4）安全系数

$$K_s = \frac{\sigma}{\sigma_4} \qquad (3-2-25)$$

式中 K_s——安全系数;

σ——管柱屈服应力,Pa。

管柱应力强度校核应涵盖储气库整个运行工况,包括:下管柱、封隔器坐封、封隔器解封、关井、注气（多个阶段）、采气（多个阶段）以及掏空等工况,确保每个工况下,管柱的安全系数达到设计要求。设计过程应参照相关规范标准选取合理的安全系数。

目前,哈里伯顿公司和斯伦贝谢公司等国际石油公司以及国内高校都开发了专业的力学分析软件。

针对储气库注采交变工况,国内开展了高速气体对注采管柱振动失效机理的研究。通过天然气在油管柱内流动状态分析,找出气体在油管柱内产生激振的规律,建立流动与管柱振动特性关系;并建立管柱振动试验台架,基于相似原理,开展不同管材、管径、管长、管厚、不同约束位置、不同注气量的管柱振动模拟试验,对建立的数学模型进行了修正。

5. 管柱受力分析

为保障注采管柱的运行安全,应对注采管柱进行受力分析。管柱受力影响因素主要有注采气量、注采压力、温度、完井井深,井身结构等。以榆林南储气库为例（注采井基本参数和注采参数见表 3-2-7）,油管采用 N80 钢级,封隔器下深按 3000m 计算。

表 3-2-7 注采井基本参数及注采参数表

参数		数据
封隔器下深(m)		3000
井底温度(℃)		100
环空保护液密度(kg/m³)		1000
井口限压(MPa)		28
注入气体温度(℃)		20
采出气体温度(℃)		60
注气量(10^4m³/d)	ϕ88.9mm 油管	25
	ϕ114.3mm 油管	50
	ϕ139.7mm 油管	150
采气量(10^4m³/d)	ϕ88.9mm 油管	50
	ϕ114.3mm 油管	100
	ϕ139.7mm 油管	200

1）采气过程生产管柱受力分析

对三种尺寸生产管柱进行受力分析计算（表3-2-8），油管挂最大受力分别为334.7kN、503.1kN和721.1kN，方向向下。封隔器处油管最大受力分别为74.2kN、97kN和168kN，方向向上。在采气过程中安全系数分别为2.8、2.7和2.9，均大于1.5，注采管柱安全。

表3-2-8 采气过程生产管柱受力分析参数表

项目	ϕ88.9mm 油管	ϕ114.3mm 油管	ϕ139.7mm 油管
油管抗拉强度（kN）	959	1366	2073
油管挂最大轴向应力（kN）	334.7	503.1	721.1
封隔器处油管最大轴向应力（kN）	-74.2	-97.0	-168.0
安全系数	2.87	2.72	2.87

2）注气过程生产管柱受力分析

注气时，油管挂最大受力分别为564.2kN、880.1kN和1340.5kN，方向向下。封隔器最大受力分别为155.3kN、280.0kN和451.5kN，方向向下（表3-2-9）。生产管柱注气过程中安全系数分别为1.70、1.55和1.55，均大于1.5，注采管柱安全。

表3-2-9 注气过程力学分析参数表

项目	ϕ88.9mm 油管	ϕ114.3mm 油管	ϕ139.7mm 油管
油管抗拉强度（kN）	959	1366	2073
油管挂最大轴向应力（kN）	564.2	880.1	1340.5
封隔器处油管最大轴向应力（kN）	155.3	280.0	451.5
安全系数	1.70	1.55	1.55

第三节　井口装置及安全控制系统

一、井口装置

（一）基本要求

储气库注采井应选择能承受高温、高压的气密封井口装置，满足以下条件：

（1）适应储气库使用工况，如温度、压力、配产、腐蚀性气体及后期动态监测要求。

（2）双翼双主阀结构，法兰式连接。

（3）主密封均采用金属对金属密封。

（4）油管头四通与生产套管密封为金属密封。

（5）井下安全阀控制管线可实现整体穿越。

（6）采气树出厂前必须进行水下整体密封性实验，确保采气树密封性。

（7）闸阀为全通径，主通径与生产管柱配套。

(二)技术参数优选

1. 压力等级

按照《井口装置和采油树设备规范》(API 6A)划分的压力等级选择,见表3-3-1。

表 3-3-1　按 API 6A 划分的压力等级表

API 压力额定值(psi)	API 压力额定值(MPa)
2000	13.8
3000	20.7
5000	34.5
10000	69.0
15000	103.5
20000	138.0

2. 温度等级

根据环境的最低温度、流经采气井口装置的流体最高温度选择井口装置温度等级。按照《井口装置和采油树设备规范》(API 6A)划分的温度等级选择,见表3-3-2。

表 3-3-2　按 API 6A 划分的温度等级

序号	温度类别	适用温度范围(℃)
1	K	-60~82
2	L	-46~82
3	P	-29~82
4	R	室温
5	S	-18~66
6	T	-18~82
7	U	-18~121
8	V	2~121

3. 材料等级

根据注采井运行工况,可参照表3-3-3进行优选。API 6A 砂井口装置等级的要求见表3-3-4。

对于储气库注采井井口装置材料等级的优选,应综合考虑注采井运行规律和腐蚀环境的变化情况,做到安全、适用、经济。

4. 产品规范等级(PSL)

《井口装置和采油树设备规范》(API 6A)标准中规定了井口装置最低PSL等级选择标准,如图3-3-1所示。设备的质量控制要求见表3-3-5。

表 3 - 3 - 3　井口装置材料等级优选表(此表由 CAMERON 公司提供)

考虑因素　材料级别	H₂S 分压(psi)	CO₂ 分压(psi)	氯化物含量(mg/L)	最高温度[℉(℃)]
AA(合金钢)无腐蚀工况	0.05	<7	<20000	35(177)
BB(合金钢,不锈钢)中等腐蚀环境工况	0.05	7~30	<20000	35(177)
CC(全不锈钢)腐蚀环境工况	0.05	>30	<50000	25(121)
DD(NACE 工况合金钢)无腐蚀酸性环境	>0.05	<7	<20000	35(177)
EE(NACE 合金钢,不锈钢)中等腐蚀,酸性环境	>0.05	7~30	<50000	35(177)
FF(NACE 全不锈钢)中等腐蚀,酸性环境	0.05~10	>30	<50000	25(121)
HH(全镶嵌镍基合金)极端腐蚀,酸性环境	>10	>30	≤100000	35(177)

表 3 - 3 - 4　API 6A 对井口装置等级的要求

API 材料等级	本体、阀罩、端部和出口连接	压力控制阀、阀杆、心轴式悬挂
AA——一般工况	碳钢或低合金钢	碳钢或低合金钢
BB——一般工况	碳钢或低合金钢	不锈钢
CC——一般工况	不锈钢	不锈钢
DD—酸性工况	碳钢或低合金钢	碳钢或低合金钢
EE—酸性工况	碳钢或低合金钢	不锈钢
FF—酸性工况	不锈钢	不锈钢
HH—酸性工况	耐腐蚀合金	耐腐蚀合金

表 3 - 3 - 5　设备的质量控制要求表(节选)

要求	PSL - 1	PSL - 2	PSL - 3	PSL - 3G	PSL - 4
通径测试	是	是	是	是	是
流体静力学测试	是	是	是,延长	是,延长	是,延长
气体测试	—	—	—	是	是
组装的追踪能力	—	—	—	是	是
连续性	—	是	是	是	是

此参数是对产品质量控制的要求,级别越高,要求测试的项目就越多。

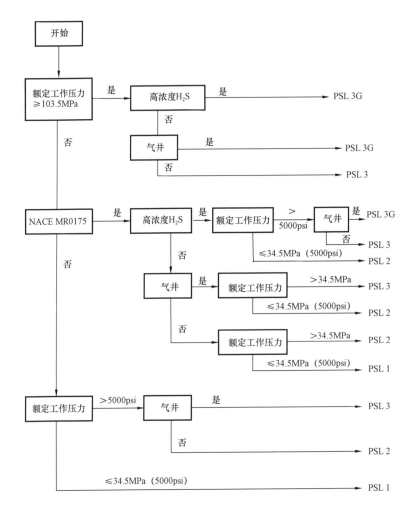

图 3 - 3 - 1　井口装置和采油树设备 API 规范等级选择图

5. 产品质量要求(PR)

《井口装置和采油树设备规范》(API 6A)标准中产品质量要求分两个等级 PR1 和 PR2,并且明确了各自的具体要求。应根据井口各部分的使用工况确定产品质量要求,对于安全阀必须达到 PR2 的要求。

目前,国内储气库注采井多采用图 3 - 3 - 2 所示井口装置。

二、安全控制系统

天然气易燃易爆,储气库长期处于高压与低压交变状态,安全问题也是需要重点关注的核心问题之一,注采井的有效安全保障措施是储气库安全运行的前提。储气库注采井安全系统必须满足以下要求:防止注采井生产设备发生泄漏;要确保套管、油管和井口装置等生产设备的密封性,防止天然气从井筒泄漏造成事故;可靠的控制安全系统,防止突发事件造成井下或(和)地面设备损坏时发生天然气泄漏,引起火灾、爆炸等,在洪水、火灾、雷电等突发自然灾害

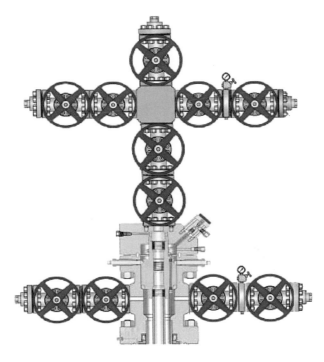

图 3 - 3 - 2　采气树井口装置示意图

和人为破坏活动或突发事件将地面生产设备破坏或摧毁情况下,可以实现井下自动关井,防止发生无控井喷。

储气库注采井长期生产的是高压天然气,并且地面环境复杂,安全环保要求严格,因此,井口安全系统应具备以下功能:

(1)在发生火灾情况下,可以自动关井;

(2)在井口压力异常时,可以自动关井;

(3)在采气树遭到人为毁坏和外界破坏时,可以自动关井;

(4)在发生以上意外,或者其他原因需要关井时,可以在近程或远程实现人工关井;

(5)能够实现有序关井,保护井下安全阀。

(一) 主要设备

安全控制系统主要由井下和地面设备组成,井下设备由安全阀和封隔器组成,地面由地面安全阀、采集压力信号的高低压传感器以及控制柜组成。安全控制系统主要设备示意图如图 3 - 3 - 3所示。

(二) 连接方式

安全系统的安装有两种方式:单井控制和多井联合控制方式。图 3 - 3 - 3 所示为井口安全控制系统主要设备示意图。

1. 单井控制

单井控制的优点是安装简单、维护简便。适用于独立单个井的安全控制,具备手动关断控制,ESD 紧急关断控制、RTU 远程关断控制。对于储气库注采井安全阀一般选用液动型执行器,液压动力源可由气动泵、电动泵或手动泵提供。

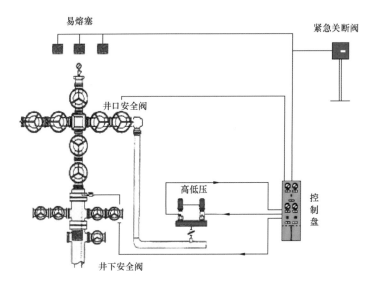

图 3 - 3 - 3   井口安全控制系统主要设备示意图

2. 多井联合控制

多井联合控制就是通过一个控制柜控制一个井组,控制井数可达十几口。多井联合控制适用于井口较集中的丛式井井场。

多井控制柜采用模块化设计,共用公共的液压供给模块和 RTU 控制模块,每个单井控制模块与其他各井模块之间相互独立,能够对每口井的井下安全阀,地面安全阀分别独立地进行控制。多井控制柜的液压动力源一般采用电动泵或气动泵。

第四节   防 腐 控 制

根据 NACE 相关标准,当 CO_2 分压超过 0.21MPa 时,属于严重腐蚀;当 H_2S 分压超过 0.0003MPa 时要考虑 H_2S 腐蚀。对于储气库注采井来讲,防腐工作首先是分析储气库注采井所处的腐蚀环境,判断发生腐蚀的可能性以及腐蚀等级。在具备腐蚀条件的情况下,根据不同工况,综合考虑注采井使用寿命、修井频率以及经济因素,设计不同的防腐方案。为保证储气库注采井设计要求,目前国内各储气库采用的是优选耐蚀合金材质,并在油套环空加注环空保护液的防腐方案。在欧美储气库注采井中也使用阴极保护预防套管外腐蚀。

一、油管材质选择

注采气井油管材质是根据储气库原有流体组分、将来注气组分和地层参数、流体性质共同来决定的。优选的油管材质既要满足防腐的要求又要经济合理。

目前在进行油管材质优选时,一般做法是利用相关标准和油管生产商提供的材质选择版图,结合室内模拟腐蚀性评价,最终优选出合适的油管材质。如图 3 - 4 - 1 即为日本住友公司提供的防腐材质选择图版。

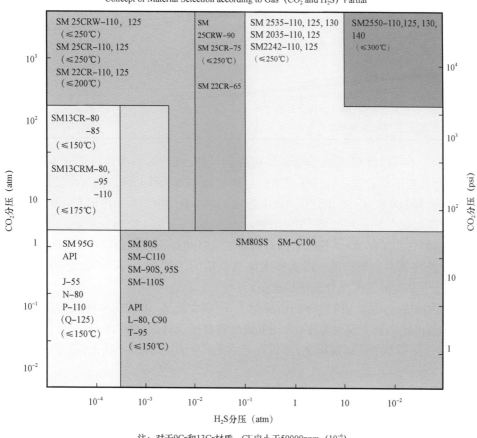

图 3 - 4 - 1　日本住友公司防腐材质选择图版

注:对于9Cr和13Cr材质,Cl⁻应小于50000ppm (10^{-6})

对于储气库注采井,为确保长期、安全和稳定生产,尽量延长免修期,可选用耐蚀合金钢管材。采用耐蚀合金材料主要有以下优点:耐蚀合金可靠性高,使用寿命长;不需要注入防腐剂,不存在防腐剂的注入和运输的问题,节省了地面注入系统;不需要进行防腐监测。表 3 - 4 - 1 列举了常用防腐管材的优缺点。

表 3 - 4 - 1　常用防腐管材的特点对比表

管材	优点	缺点	适应性分析
耐蚀合金钢	简化了缓蚀剂的繁杂添加工艺;基本不需要腐蚀监测;在整个生产过程中很可靠且稳定	一次性投入很大;与碳钢管连接时存在电偶腐蚀现象	适合高产量气井在苛刻的腐蚀环境下使用
高抗硫管材	成本较低,在整个生产过程中抗 SSC 可靠	需与缓蚀剂同时使用	适合在苛刻的腐蚀环境下使用

续表

管材	优点	缺点	适应性分析
普通抗硫管材	成本低	需与缓蚀剂同时使用	适合在腐蚀不苛刻,且产能较低的气井使用
内涂层油管	适用内涂层油管,配合封隔器完井工艺,可有效降低油套管腐蚀速率	成本较高;在接头处保护不完善。不耐磕碰	由于不耐磕碰,涂层脱落处加速腐蚀,不适合在深层气井的高温条件下使用
内衬玻璃钢油管	具有优异的耐腐蚀性	有温度使用范围;需特殊的接头连接	不适合在深层气井的高温条件下使用
双金属复合油管	使用双金属复合油管,配合封隔器完井工艺,可有效降低油套管腐蚀速率		P110/825、SM2535 双金属复合油管尚在实验阶段

由表 3-4-1 可以看到,耐蚀合金的防腐性能最好,虽然其一次性投资成本比较高,但对于储气库需要长期不动管柱的特殊环境来讲是比较合适的选择。国内储气库注采井采用的管材有 13Cr,80S 和 L80-3Cr 等。法国 Total 公司 Lussagnet 储气库采用的是 L80S 油管,荷兰 Shell 公司的 Norg 储气库采用的是 13Cr 油管。

根据目前储气库实际运行情况,对油管材质的选择可以初步得出以下结论:

(1)储气库注采井防腐措施应以选择耐腐蚀材质的油管为主,内涂层油管和缓蚀剂防腐措施应根据注采井实际工况充分论证后确定;

(2)在利用图版选择材质的基础上,模拟井下实际情况,开展多种材质的腐蚀性评价实验,可获得比较准确的材质腐蚀速率,为井下油套管材质选择提供依据;

(3)储气库注采井油管防腐措施,不仅要考虑注采初期的腐蚀环境,也要考虑腐蚀环境的变化。

二、环空保护液

储气库注采井油套环空内注入环空保护液是保证注采井长期安全运行和井筒完整性的重要措施之一。环空保护液的主要功能包括:(1)平衡封隔器上下压力;(2)控制油套环形空间内腐蚀,保护生产套管;(3)保证井筒完整性。

目前常用的环空保护液分为水基和油基两种。油基环空保护液抗腐蚀效果好,但成本较高且对环境影响较大。水基环空保护液施工方便、成本低。目前国内已建储气库注采井中,绝大多数采用的是水基环空保护液。对于水基环控保护液,设计的基本标准是:(1)不产生固相沉淀,稳定性好;(2)防腐能力好;(3)对封隔器胶筒橡胶材料无影响。

呼图壁储气库注采井中采用了油基环空保护液。呼图壁储气库气藏平均中部深度 3585m,地层压力 33.96MPa,地层温度 91.4~94.1℃,平均 92.5℃。注采管柱上配套了永久式封隔器,为了减少潜在漏失点,没有安装循环滑套。选择的 YJ-1 油基环空保护液,主要由基础油和表面活性剂等组成,具有稳定性好、高温下不自聚、无腐蚀、与封隔器胶筒的相容性好等特点,开口闪点大于 150℃,热稳定性≥115℃。环空保护液注入油套环空中,始终让套管内壁与油管外壁的金属表面和油相接触,同时表面活性剂能够防止 CO_2 腐蚀。

在注采井油套环空加注环空保护液后。随着注采气的运行,井筒温度场会随之变化。在油套环空的密闭环境中,环空保护液的体积会发生变化,导致未发生泄漏的注采井环空压力发生变化,影响注采井的安全运行。经过理论研究和现场实践证实,在油套环空顶部加注 100～200m 左右的氮气垫可以有效缓解交替注采引起的环空压力变化,改善管柱受力。

三、阴极保护

欧美储气库注采井中普遍使用阴极保护预防套管外腐蚀,目前在国内油气田开发井上有应用,但储气库注采井上还没有应用。

阴极保护有两种:牺牲阳极法和外加电流法。外加电流阴极保护法其原理是回路中串入直流电源,电源正极接被保护的套管,负极接辅助阳极,电源输出电流通过辅助阳极、地层经套管返回电源形成回路。保护电流使套管发生阴极极化,极化电位达到保护电位时,套管腐蚀得到抑制。阴极保护关键是保护电位要达到一定值。NACE 标准《井套管阴极应用推荐做法》(NACE RP 0186—94)中规定阴极保护有效电位为 −1.2～−0.85V。

加拿大储气库标准 Z341 中对阴极保护方法做出了详细规定:储气库井套管的阴极保护系统应满足 NACE RP 0186 的要求。储气库井套管防腐只应使用外加电流阴极保护系统。在确定阳极电流输出时应考虑以下因素:(1)使用特殊的填料;(2)阳极反应所产生气体的捕集与阳极板的通风;(3)电渗效应;(4)大地电阻率;(5)阳极板与套管的距离;(6)套管电位剖面测井获得的数据。

对于采用阴极保护进行防腐的井,应按照 NACE RP 0186 进行防腐监测。之外,还应做到以下几点:

(1)定期进行检测,以确定阴极保护系统是否工作正常,是否维持在设计的电流值。

(2)每半年对外加电流源进行一次现场测试,包括工作是否正常,电流输出是否正确。

(3)每年检测绝缘接头和电阻棒是否工作正常。

(4)考虑进行以下测量:① 测量套管对地面参比电极的电位;② 套管电位剖面测井。

第五节　储气层酸化改造

根据国外储气库建设的经验,为了保证盖层的完整性,一般不进行压裂施工,以常规酸化工艺为主。国内储气库建设中也遵循这一原则。华北油田永 22 储气库储气层为碳酸盐岩,采用了自转向酸体系进行酸化改造;江苏油田刘庄储气库为砂岩灰岩互层,采用低伤害缓速酸 + 投球分层酸化工艺措施进行了酸化改造。长庆油田榆林南储气库和陕 224 储气库储气层有效厚度薄,不具备压裂改造条件,主体改造技术也以酸化为主。

一、工艺设计

根据储气库运行特点,对于储气库注采井改造应遵循"改造不能突破隔层,改造后井筒内不留管柱"的原则。以陕 224 储气库为例,阐述国内储气库注采井酸化工艺技术。

陕 224 区块位于靖边气田中区西部,含气面积为 19.3km²,储气库目的层为马家沟组马五 1＋2 气藏,埋深 3470～3480m,平均原始地层压力 30.5MPa,建库前地层压力 8.4MPa,压力系数小于 0.3。储层岩性以泥—细粉晶白云岩为主,另外含有含泥云岩、含灰云岩、灰质云岩以及次生灰岩等。岩心分析表明:马五1+2以成层分布的溶蚀孔洞为主要储集空间,见少量晶间微孔,网状微裂缝为主要渗滤通道,孔喉半径介于 $16.1 \sim 62.8 \mu m$。气体组分表现为含硫型干气气藏,地层水为弱酸性 $CaCl_2$ 水型。

根据国内酸化工艺技术水平,对比了不动管柱水力喷射分段酸化工艺、连续油管均匀布酸酸化工艺和裸眼封隔器分段酸化工艺三项适合碳酸盐岩储层的水平井改造工艺,技术优势及存在问题对比见表 3-5-1。

表 3-5-1　三项碳酸盐岩水平井工艺对比表

类型	不动管柱水力喷射分段酸化	连续油管均匀布酸酸化	裸眼封隔器分段酸化
技术优势	(1)能够实现多段酸化改造; (2)管柱可以起出更换,油套管连通,有利于观察生产情况; (3)施工简单	(1)施工作业简单; (2)可以采用生产管柱施工; (3)可以实现全井段均匀酸洗	(1)改造段数多; (2)施工简单,分段可靠性高; (3)对于部分层段可以有效分隔
存在问题	施工管柱尺寸较小,不能满足生产要求,改造结束后需要更换管柱	改造强度相对较低,应用于物性较差储层增产效果不明显	(1)施工管柱不能起出 (2)多级滑套及球座节流作用,不能满足高产量生产要求
解决方案	采用不压井作业技术更换管柱	配套满足全井段均匀布酸的大直径连续油管	应用于部分含水层段的分隔及相对低产井

针对陕 224 储气库的特点,设计采用了连续油管均匀布酸酸化工艺,主要用于解除钻井液污染,恢复储气层注采能力。

二、酸液设计

(一)酸液体系

为有效解除近井地带钻井液伤害,恢复储气层的渗透率,开展钻井液滤饼溶蚀实验(表 3-5-2)。结合岩心溶蚀实验情况,优选酸液体系:20% HCl + 0.3% CJ1-2 + 其他添加剂。

表 3-5-2　不同酸样下钻井液溶蚀情况表

项目	15% HCl	20% HCl	20% HCl + 0.3% CJ1-2	5% HCl + 6% 甲酸
溶蚀前泥浆粉末量(g)	1.5	1.5	1.5	1.5
溶蚀后残留量(g)	0.1	0.06	0.04	0.17
溶蚀率(%)	93.3	96	97.3	88.7

(二)酸液用量

钻井液侵入带的深度一般为 $1 \sim 15cm$。考虑酸液对水平井筒附近渗透能力的改善,设计预处理酸量,并结合储层钻遇情况进行调整(图 3-5-1)。同时,为提高钻井液伤害严重高渗透井段的解除效果,在井口限压条件下采用定点挤酸 $10 \sim 15m^3$,提高酸液溶蚀效率。

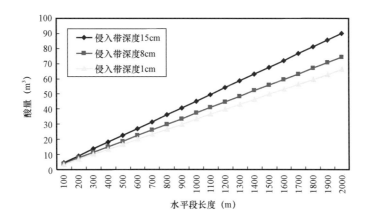

图 3 - 5 - 1　不同水平井段长度下预处理酸液用量

三、施工参数

(一)布酸排量

根据水平井钻遇储层情况,结合连续油管设备现状,确定合理的施工排量和拖动速度。

表 3 - 5 - 3 为两种型号连续油管注入排量与压力预测表。

表 3 - 5 - 3　两种型号连续油管注入排量与压力预测表

排量 (L/min)	ϕ44.45mm,长度 5500m			ϕ50.8mm,长度 6200m		
	布酸 井口压力(MPa)	挤酸 井口压力(MPa)	套管压力(MPa)	布酸 井口压力(MPa)	挤酸 井口压力(MPa)	套管压力(MPa)
100	4.26	14.57	8.06	2.47	12.71	7.13
200	11.91	22.72	14.42	6.25	16.78	9.66
300	23.17	34.24	24.68	12.71	22.25	14.05
400	39.49	50.61	40.03	21.22	30.42	21.35
500	58.41	70.44	59.00	32.12	39.61	29.81
600	—	—	—	44.72	51.54	41.09
700	—	—	—	58.72	63.11	52.08
800	—	—	—	75.05	—	—

考虑连续油管拖动布酸和定点挤酸过程中限压要求,优选连续油管均匀布酸施工参数:

ϕ44.45mm,长度 5500m,最大布酸排量 300L/min,最大挤酸排量 400L/min;

ϕ50.8mm,长度 6200m,最大布酸排量 500L/min,最大挤酸排量 600L/min。

(二)连续油管作业施工要求

连续油管车的连续油管接头要求采用外径与连续油管本体一致的内连接接头,防止连续油管起下过程中出现阻卡事故。

防喷盒密封件试压 35MPa 无刺漏,防喷器(BOP)各阀门开关灵活,无刺漏。液压系统在高压下不自动泄压。

计数器要准确可靠，液氮泵车排量能在 50～100L/min 之间调整。

连续油管入井前必须进行注入头的提升（拉力）试验，拉力不低于 8tf。

试验入井工具可靠，下接单流阀和旋转喷嘴应用可靠，连接牢固。设备系统应保证长时间连续工作。

（三）返排

施工结束后根据压力变化情况用针形阀控制放喷，若放喷不通，采用连续油管注液氮气举排液方式诱喷排液，以尽快返排。放喷过程中须打好隔离墙等防护工作，防止产生环境污染。不出液时立即关井。关井压力恢复，油套压力在 72h 内上升不超过 0.05MPa 时，即可以进行测压、求产。若压力恢复缓慢，可采用不关井恢复压力直接进行测试。

参 考 文 献

[1]金根泰,李国韬. 油气藏型地下储气库钻采工艺技术[M]. 北京:石油工业出版社,2015.

[2]李国韬,刘飞,宋桂华,等. 大张坨地下储气库注采工艺管柱配套技术[J]. 天然气工业,2004,24(9):156-158.

[3]李国韬,张强,朱广海,等. 永22含硫气藏改建地下储气库钻注采工艺技术[J]. 天然气技术与经济,2011,27(5):53-54.

[4]王云,张建军. 地下储气库注采井临界冲蚀流量优化计算方法[J]. 天然气工业,2019,39(11):74-80.

[5]贺梦琦. 地下储气库注采气完井管柱的设计与应用[J]. 石油工业技术监督,2019,34(11):62-65.

[6]隋义勇,林堂茂,刘翔,等. 交变载荷对储气库注采井出砂规律的影响[J]. 油气储运,2019,43(3):303-307.

[7]薛承文,张国红,高涵,等. 呼图壁储气库完井管柱井下工具设计优选[J]. 石油管材与仪器,2019,33(2):13-16.

[8]汪雄雄,樊莲莲,刘双全,等. 榆林南地下储气库注采井完井管柱的优化设计[J]. 天然气工业,2014,34(1):92-96.

[9]何轶果,张林,张芳芳,等. 地下储气库注采井生产油管尺寸设计技术——以相国寺地下储气库项目设计为例[C]. 2015年全国天然气学术年会,2015.

第四章　老井处理工程技术

对采用枯竭气藏改建的储气库,一般气藏上均有老井,甚至有些气藏上分布几十口老井。这些老井建库前有的是生产井,有的是注水井,井筒状况相对简单,但有的井是事故井,井筒状况复杂,处理难度较大,更具挑战的是有些井是气藏开发时的工程报废井、侧钻井或未下套管的地质报废井。这些老井能否有效处理,影响到储气库的整体密封性,关系到储气库的安全运行。

老井经过评估分析,按难易程度分类排序,将关系储气库是否可建的重点井先行评估并前期处理。如有风险极大的井,甚至可以"一井否决",停止储气库建设。

第一节　老井处理特点及评估分析

一、井况特征分析

(1)完井时间长:目前已建储气库涉及老井完井时间大多为 20 世纪 80—90 年代,有些甚至是 60 年代中期。

(2)井深范围变化大:如相国寺储气库井深 2000~2500m,苏桥储气库井深 4000~5000m,地层温度可达 140℃。

(3)地层压力低:如相国寺储气库储气层原始地层压力为 28MPa,建库前地层压力为 2.39MPa,地层压力系数仅为 0.1。苏桥储气库建库前地层压力系数为 0.18。

(4)含酸性流体:如永 22 储气库储气层 H_2S 含量为 0.57~1.3g/m³;相国寺储气库老井各层位均不同程度含有 H_2S 及 CO_2(表 4-1-1)。

表 4-1-1　相国寺储气库各层位酸性气体含量

项目	石炭系	茅口组	长兴组
最高 H_2S 含量(g/cm³)	0.047	3.168	0.031
最高 CO_2 含量(g/cm³)	7.142	4.765	0.18

(5)生产套管存在腐蚀:油气田开发的生产井都会不同程度地含水,加之完钻时间长、套管大多采用的普通材质,故此生产套管未能在腐蚀环境下得到较好的保护,存在不同程度的腐蚀。

(6)固井质量差:固井质量差主要表现在测井解释胶结质量差;测井资料缺失;套管水泥返深不够;生产套管与技术套管环空间有窜气现象等方面。

(7)井内情况不明:有些老井完井时间长、作业次数多、资料不完善,造成井内情况不明。有的井实际情况与资料显示严重不符,给设计、施工带来困难,造成施工周期的延长、施工成本的增加。

（8）井口状况复杂：由于完钻时间长，目前井口锈蚀严重，部分阀门失效；有的井目前只有一个简易井口，套管裸露。部分井出现了井口装置渗漏的情况。

（9）资料缺失：由于完钻时间长，部分井基础资料缺失很严重，如无固井质量解释资料，无套管钢级、壁厚和螺纹类型等资料，无作业总结等，给老井处理带来了较大的困难。

(a) 刘庄储气库　　　　　　　　　　　　　　　(b) 苏桥储气库

(c) 大港储气库　　　　　　　　　　　　　　　(d) 西南储气库

图 4 - 1 - 1　国内储气库部分老井井口状况

二、老井处理评估

对于储气库涉及的老井不能采取全部封堵的"一刀切"措施。应该根据老井的构造位置、井身质量、地表环境等因素进行综合评估，确定对老井是进行封堵，还是再利用的技术措施，即能满足储气库安全运行的需要，又能最大程度地利用现有资源，优化投资。

（一）评估流程

储气库建设涉及的老井服役年限长、分布广、井况条件复杂，能否有效处理直接影响储气库的运行安全。必须建立合理的老井评估体系，对老井实际情况进行分析评估，制订有针对性的老井处理方案，为储气库建设决策提供参考。

老井评估主要包括生产套管评估和固井质量评估两部分。生产套管评估包括套管是否变形、破裂、腐蚀，强度是否满足储气库运行工况等；固井质量评估包括固井胶结质量、水泥环封闭性等。老井评估流程如图 4 - 1 - 2 所示。

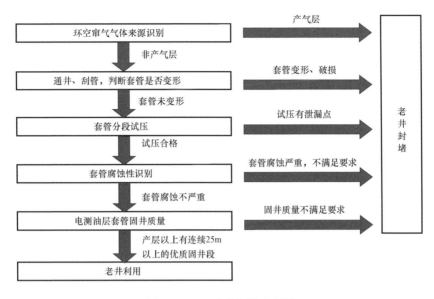

图 4 - 1 - 2 老井评估流程图

(二)评估技术手段

1. 评估生产套管质量的检测方法

(1)用与套管直径相配套的通径规通井,从通井时的难易程度判断套管变形程度。

(2)在对井壁刮削清洗干净的基础上,对生产套管采用清水介质试压至储气库最高运行压力值的 1.1 倍,30min 压降不大于 0.5MPa,检测套管的密封性。

(3)采用电磁探伤测井、多臂井径测井、超声波成像测井等技术,对套管柱的腐蚀、破损等情况进行评估,计算套管柱剩余强度。

2. 评估固井质量的检测方法

(1)声波—变密度测井、扇区测井、超声波测井等技术,能较好地评价水泥胶结质量以及水泥石缺失情况。

(2)自然伽马 + 中子伽马测井,判断气顶以上地层是否存在天然气聚集。

(3)高灵敏度井温 + 噪声测井,判断套管是否存在泄漏。

第二节 老井封堵工艺

一、老井封堵技术

(一)封堵思路

针对储气库的特殊要求,通过优化封堵工艺,优选堵剂体系,设计合理的施工参数,建立多重安全屏障,确保老井有效封堵,保障库区安全。

(二)封堵技术路线

1. 储气层封堵

对储气层采用高压挤注专用堵剂的措施进行封堵,塞厚不小于300m。根据具体井况条件,采用循环挤注工艺或桥塞挤注工艺。

2. 盖层封堵

对于不满足"储层顶界以上水泥返高大于200m,且储气层顶界盖层以上连续优质水泥胶结段大于25m"的井,均须对盖层井段进行段铣。段铣井段不小于30m,并注水泥塞。

3. 盖层以上井段封堵

对上部井段井筒内的危险井段,包括固井质量差、腐蚀严重、管外有油气水显示及煤矿坑道井段等,采用注水泥塞、段铣、第二次重新固井等方式进行封堵。

4. 防腐措施

封堵后井筒内注入缓蚀液,保护上部生产套管。

(三)封堵半径

合理的封堵半径对储气层的有效封堵至关重要。目前,对储气层封堵半径尚没有明确的确定标准和方法,根据国内储气库老井封堵作业经验,对于不存在发育缝洞的砂岩储气库,封堵半径一般取0.5~1m[2]。

对于类似相国寺储气库的井,构造整体连通性较好,储气层为碳酸盐岩,较为发育,需要更大的封堵半径来保障封堵质量,结合施工实际情况,此类井封堵半径取3~6m较为合适。

二、老井封堵水泥浆体系

经过近20年的发展,国内储气库老井封堵形成了比较成熟的封堵水泥浆体系。因储气库具有高低交变应力、多注采周期、长期带压运行的工况特点,老井封堵体系目前仍以超细水泥为主。主要原因是超细水泥注入性能好,可以顺利挤入地层,此外其固化后强度高,能够满足储气库注采循环交变压力要求。但是,必须合理添加一定比例的添加剂以优化超细水泥浆整体性能,才能保证封堵效果。

(一)封堵体系优选原则

(1)配制简单,需具有较好的可泵送性,便于现场施工;

(2)需具有良好的注入性,可有效封堵地层深部,保证封堵质量;

(3)需具备可控的稠化时间,可根据不同井况特点及施工时间预期进行调整;

(4)固化后具有较高抗压强度,满足储气库注采交变应力的长期作用;

(5)需具备优良的防气窜性及抗气侵性,可有效防止储气库注气后气窜、气侵现象的发生;

(6)强度抗衰退性能好,老化时间长,满足储气库长期运行要求。

(二)堵剂体系性能指标

老井封堵所用堵剂体系在保证施工安全的前提下,必须满足以下性能要求:

（1）堵剂体系游离液控制为0，滤失量控制在50mL以内；

（2）堵剂体系气相渗透率小于0.05mD；

（3）沉降稳定性实验堵剂体系上下密度差应小于0.02g/cm³；

（4）堵剂体系24~48h抗压强度应不小于14MPa。

（三）高温堵漏水泥浆体系

目前国内储气库老井封堵中，难度较大的是苏桥储气库。苏桥储气库老井普遍较深，井底温度最高达到160℃以上，并且井底压力低，封堵时易发生漏失，针对这种情况，研究了高温超细水泥浆体系和高温堵漏水泥浆体系。在用高温堵漏水泥浆封堵的基础上，进一步用高温超细水泥浆进行挤注封堵作业[3]。

1. 堵漏水泥浆要求

（1）流变性能要好，在适宜的水灰比下，良好的流变性能可保证水泥浆充分进入封堵部位。

（2）与油井水泥降失水剂和缓凝剂具有良好的配伍性能，当净水泥浆的稠化时间不能满足施工要求时，可以加入缓凝剂进行调节，同时，为了尽可能增加封堵深度，水泥浆不能由于失水过大形成桥堵。

（3）配制的水泥浆稳定好，强度足够高；水泥浆溶液均匀，避免发生沉降。

（4）形成的水泥石渗透率要低，有利于目的层的长期封固。

（5）水泥浆配制简单，现场施工便于操作和掌握。

（6）水泥浆技术指标应满足下列指标要求：

① 水泥石抗压强度≥12MPa。

② 水泥浆失水量≤150mL。

③ 水泥浆的游离水≤0.5mL。

④ 水泥浆的稠化时间满足施工要求，原则要求大于施工时间2~3h。

⑤ 水泥浆中加入的弹性堵漏颗粒要与地层裂缝相匹配，具有堵漏效果。

2. 堵漏水泥浆推荐配方

耐温165℃，密度1.82~1.87g/cm³，堵漏水泥浆配方体系，见表4-2-1。

表4-2-1　堵漏水泥浆性能及配方

序号	固相组分（g）	外加剂加量（%）	试验数据					
			密度（g/cm³）	稠化时间（min）	抗压强度（24h/MPa）	滤失量（mL）	流动度（cm）	游离水（mL）
1	华油G级700 硅粉245 堵漏剂49	ZJ-5:5.0 ZH-6:2.0 ZW-1:0.4 水:44	1.87	427	16.4	56	24	0.5
2	注：此配方为堵漏水泥浆的主要配方，具体稠化时间可用ZH-6调节，要求稠化时间为≥施工时间+180min							

3. 堵漏水泥浆堵漏实验

应用堵漏模拟实验装置，进行了室内堵漏模拟实验。实验得出：对于石炭系—二叠系渗透性漏失及潜山微裂缝漏失,加入堵漏剂的量大于4%以后,堵漏效果比较好,可形成致密的滤饼,承压能力可提高至4.2MPa。

表4-2-2 堵漏水泥浆堵漏实验数据表

序号	堵漏剂加量(%)	漏失量(mL)	
		0.7MPa,30min	4.5MPa,7.5min
1	0	全漏	全漏
2	4	38	加压至2.5MPa时全漏
3	6	9	18
4	8	4.5	1
5	10	6.5	3
6	12	6	2
7	13	3	2
8	15	1.8	2

(四)高温超细水泥浆体系

1. 超细水泥物理性质分析

取 G 级油井水泥和超细水泥,在激光粒度分析仪上测其粒径分布,密度及平均粒径,结果见表4-2-3。

表4-2-3 LA-920激光粒度分析

水泥类型	粒径(μm)				比表面积（cm^2/cm^3）	密度（g/cm^3）
	ϕ5mm	ϕ50mm	ϕ90mm	ϕ95mm		
超细水泥	1.551	9.375	21.395	25.171	15420	3.08
G 级水泥	—	21.000	55.600	89.200	3300	3.14

从表4-2-3和粒径分析图中可以看出,超细水泥粒径比普通油井水泥粒径小得多,它们的平均粒径只有普通水泥的1/10左右,其粒度主要分布在3~15μm内,而超细水泥的比表面积也比嘉华 G 级油井水泥大得多。因此,可以进入常规水泥不可能到达的区域,小微粒水泥可以进入较小裂缝中,甚至可以进入层间隔离的砾石充填层,用超细微粒水泥封堵成功率高。

2. 超细水泥浆要求

(1)流变性能要好,在适宜的水灰比下,良好的流变性能可保证水泥浆充分进入封堵部位。

(2)与油井水泥降失水剂和缓凝剂具有良好的配伍性能,当净水泥浆的稠化时间不能满足施工要求时,可以加入缓凝剂进行调节,同时,为了尽可能增加封堵深度,水泥浆不能由于失水过大形成桥堵。

(3)配制的水泥浆稳定好,强度足够高;水泥浆溶液均匀,避免发生沉降。

(4)形成的水泥石渗透率要低,有利于目的层的长期封固。

(5)水泥浆配制简单,现场施工便于操作和掌握。

（6）水泥浆技术指标应满足下列指标要求：

① 水泥石抗压强度≥12MPa；

② 水泥浆失水量≤120mL；

③ 水泥浆的游离水≤3.5mL；

④ 水泥浆的稠化时间满足施工要求，原则要求大于施工时间2~3h。

3. 水泥浆推荐配方

确定水泥浆的水灰比为0.65，按照API标准测定水泥浆的流动度、稠化时间、滤失量、24h抗压强度，结果见表4-2-4。

表4-2-4 超细水泥的性能数据表

序号	配方	水灰比	密度（g/cm³）	流动性（cm）	稠化时间（min）	滤失量（95℃、7MPa）（mL）	抗压强度（133℃、24h）（MPa）
1	超细水泥 ZJ-5:6% ZH-6:1.8%	0.65	1.71	27	373/（133℃）	37	18.9
2	超细水泥 ZJ-5:6% ZH-6:1.4%	0.65	1.71	27	275/（85℃）	42	14.2

注：现场施工时改变ZH-6的加量，可选择合适的水泥浆稠化时间。

三、工艺难题及对策

对老井施工中存在的工艺难题进行分析，提出相应安全技术对策，降低作业风险，提高作业质量，确保老井处理满足储气库安全运行需要[4,5]。

（一）控制参数确定

1. 难题

部分井老井生产套管和油管资料缺失严重，给控制参数的计算带来了困难，导致无法有效指导后期作业。

2. 技术对策

（1）资料齐全的井按规程计算生产套管和油管控制参数，并根据具体井况对计算结果取相应安全系数，确保安全作业。

（2）资料缺失的井对生产套管和油管按最低钢级、壁厚对应的强度进行取值计算，并对计算结果取一定安全系数。

（3）对资料缺失严重不具备参数计算的井，则应分析该井原试采基本资料，如原施工压力、挤酸情况、排液情况等，在此基础上并结合该井目前井况确定一个合理的参数控制范围。

（4）电测后根据套管磨损和腐蚀变薄情况确定的套管强度，重新计算套管控制参数，指导后续作业施工。

(二)超低压碳酸盐岩储层压井

1. 难题

对于压力系数只有0.1的超低压储层,很难做到压住压稳,只能采取措施使其始终处于一个动态平衡的状态,而其压井难题就在于怎样合理地保持一个动态平衡。灌入液量太大,压井液大量漏失伤害产层;灌液量太小,起不到压井的目的。

2. 技术对策

(1)研发特殊压井液。

(2)配备井下液面监视仪,实时监控井内液面。

(3)向油管内注入0.7~0.8倍井筒容积的压井液,停泵,然后用液面监测仪监测液面井深及液面变化情况,推测目前地层压力、漏失速度与液面井深的关系,并据此制订合理的微小排量灌液制度,保证井内动液柱压力略大于地层压力和压井液微漏状态即可。

(4)在后续换装井口、起下钻、电测等作业期间根据制订的灌液制度及时灌液,确保井控安全。

(三)超低压碳酸盐岩储层封堵

1. 难题

为满足储气库安全运行的需要,需对储气层先进行封堵,彻底隔绝储气层。但由于其低压的特征,压井时虽已采用暂堵剂或低压井压井液等措施,但注堵剂时仍会出现大量漏失,影响封堵效果。

2. 技术对策

(1)先用堵漏水泥浆或快凝水泥进行暂堵。

(2)再向储气层挤注一定量的水泥浆,以提高封堵效果。具体进入储气层的堵剂总量应根据储气层厚度、孔隙度以及封堵半径确定。

(3)挤注堵剂时泵压不宜过高,避免破坏生产套管;注塞后的清水试压值也不宜过高。

(4)封堵施工前,必须做出封堵施工设计书,施工设计书要从封堵工艺、封堵材料、施工步序、安全措施等方面进行考虑。

(四)电测作业

1. 难题

电测作业必须在井筒内有液体的情况下进行,而低压储层井筒内平衡液面较低,可能不具备作业条件。

2. 技术对策

若低压储层井内液面较低,不满足电测要求,则下入可钻式桥塞暂闭,上部井筒再灌满清水,为电测创造条件,电测后钻掉桥塞。

（五）井口处理

1. 难题

由于老井处理前井口现状较为复杂,大致可分为三类:阀组较齐全的井口、简易井口、无井口。对于阀组较齐全的井口,井内一般有管柱,可进行放喷、循环压井等作业,因此施工难度较小,可在压井后进行更换新井口。无井口的井长期处于敞井状态,井内平稳,因此可直接对现有井口进行整改措施,恢复井口装置。而简易井口,由于井内情况不清,也无法进行放喷、循环压井作业,风险最大。

2. 技术对策

（1）采用带压钻孔技术,对简易井口实施有控制地泄压。

（2）带压钻孔前施工队伍必须进行现场踏勘,了解井口现状,据此对带压钻孔作业进行风险分析和安全性评估,在保障施工安全情况下进行带压钻孔工作。

（3）带压钻孔作业必须作好施工设计、安全应急预案和监控措施。

（4）带压钻孔前必须利用专用装置对简易井口进行加固。

（5）带压钻孔前布置好消防水炮,准备好消防器材,随时准备向井口进行喷水,稀释天然气和硫化氢。

（6）作业前布置好防爆排风扇,防爆排风扇方向必须与消防水炮喷射的方向一致。

（7）根据井口情况安装好带压钻孔装置,并将其与泄压管汇连接好。

（8）要求施工人员严格按照带压钻孔操作规程、施工设计和安全应急预案作业,并做好带压钻孔相关安全工作。

四、配套关键技术

（一）低压碳酸盐岩储层暂堵及压井技术

用作储气库的碳酸盐岩储层,一般物性较好,缝洞较发育,对于该类低压井容易出现严重井漏。需要综合运用暂堵和压井工艺,建立适度的井筒平衡,以利于后续施工。

以相国寺储气库老井处理为例。相国寺储气库部分井,压力系数0.1,清水压井时,井内无液面,无法满足安全起下钻和注水泥塞要求[6]。

1. 暂堵难点分析

（1）区域上储层单井压力有差异。

2010年2月,相国寺石炭系气藏进行了全气藏关井,测得储气层平均地层压力为2.39MPa,计算地层压力系数仅有0.1。但该平均地层压力由于未考虑单井构造位置、海拔高度、采出程度、储层物性、产水量等客观条件,导致区域上储气层单井真实地层压力可能有一定差异,部分压力相对较高、物性较差的井是否有必要直接采取暂堵措施有待研究。若贸然进行暂堵,不仅成本高,而且对地层造成不必要的伤害。

（2）暂堵剂类型针对性要强。

石炭系储层主要为裂缝—孔隙性地层,但单井之间存在物性差异较大的情况,不能笼统的采用同一种暂堵剂类型;如部分物性较好、孔隙或逢洞发育、目前仍有一定产量的储层,压井时易出现液体大量漏失,甚至失返的情况,暂堵难度更大,需采用针对性的暂堵剂体系。

2. 暂堵修井液选择

研发的凝胶类暂堵修井液和无(低)渗漏固化水修井液体系具有较好的使用效果。固化水暂堵修井液对一般的低压井有较好的暂堵作用且经济可行,但对压力很低、物性较好的储层,凝胶的暂堵效果更好。

1)凝胶类暂堵修井液

通过选择合适的交联体系,在一段时间内,能够形成高强度和高黏度的冻胶,一部分冻胶封堵近井地带和炮眼,另一部分冻胶封堵井筒减少气体与压井液的置换,并克服地层压力,保证后续修井作业的安全可靠。修井作业结束后,向井筒里注入解堵液,使冻胶迅速彻底地降解,从而恢复生产。对于裂缝发育井有较好的暂堵效果。

2)弱凝胶暂堵体系

该体系由两种成分构成:一种为以高分子量聚合物为主要成分的原液;另一种为含有缓交联成分的交联剂。根据不同缓交联剂的加量,在中温条件下,交联时间可以达到 60min 以上。该体系适合温度低于 60℃,地层压力系数较高,地层漏失不太严重的地层。图 4-2-1 所示为弱凝胶实物图。

基液黏度:200~500mPa·s;

冻胶黏度:$0.5 \times 10^4 \sim 2 \times 10^4$ mPa·s;

成胶时间:可调;

气密封性:2~4MPa/100m;

破胶时间:0~7 天可调;

破胶后的黏度:<10mPa·s。

3)中强度暂堵体系

该体系由 ZD-A 和 ZD-B 两种成分构成。其中 ZD-A 由较高浓度的稠化剂和疏水聚合物组成,并添加有一定比例的黏土稳定剂和促进剂。ZD-B 含有与之相匹配的交联剂、抗温剂和增效剂。该体系具有强度较高、耐温性较高、稳定时间较长等特点,可以用于温度高于 100℃,地层裂缝较发育,地层漏失比较严重的储层。图 4-2-2 所示为中强凝胶实物图。

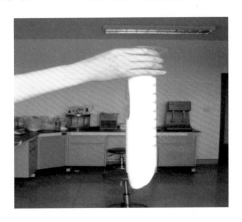

图 4-2-1 弱凝胶实物图   图 4-2-2 中强凝胶实物图

基液黏度:300~500mPa·s;

冻胶黏度:$2 \times 10^4 \sim 10 \times 10^4$ mPa·s;

成胶时间:60s 内;

气密封性:6~9MPa/100m;

破胶时间:可调;

破胶后的黏度:<5mPa·s;

酸性条件下固相含量小于1%;

非酸性条件下固相含量低于5%。

4)高强度暂堵体系

该体系由高浓度的稠化剂、黏弹性表面活性剂、分散剂、缓凝胶和交联剂组成,在一定时间内,形成高强度半固态的胶塞。该暂堵体系具有强度大,耐温性好,成胶可靠等优点,可以耐受140℃的高温地层,与中强度暂堵体系配合,可以封堵埋藏深、温度高、漏失严重、井况复杂等地层。在井筒中可以形成类似液体封隔器的胶塞,有效将地层和压井液隔开。图4-2-3所示为高强度凝胶实物图。

图4-2-3 高强度凝胶实物图

基液黏度:80~200mPa·s;

冻胶黏度:半固态;

成胶时间:120min 内可调;

气密封性:10~15MPa/100m;

破胶时间:可调;

破胶后的黏度:<10mPa·s;

破胶后固相含量低于1%。

5)无(低)渗漏固化水修井液

采用新型的高分子吸水材料作为固化剂,这种高分子吸水材料可以束缚其本身质量100倍以上的清水或盐水,牢牢地控制被束缚的水,使之不能参与自由流动。对一般低压井有较好的暂堵效果。

3. 暂堵及压井配套工艺

作业前对储气库老井单井资料进行分析,包括储层孔隙度、渗透率、裂缝发育情况、储层厚度、目前产气量及油套压情况等,并根据实际情况采取不同的暂堵方案。

1)一般低压井

(1)下井下压力计实测目前地层压力,为后续施工提供参考。

(2)采用清水或清洁盐水(如 KCl 溶液)进行试压井作业,判断地层漏失情况。注入液量不宜过大,建议 0.7~0.8 倍井筒容积。

(3)采用井下液面监测仪实时监测液面动态,推算漏失速度,优化灌液措施。

(4)若试压井漏失较严重,则采用固化水暂堵修井液进行暂堵压井。注入液量 0.8~1 倍井筒容积。

(5)采用井下液面监测仪实时监测液面动态。

2)物性较好、裂缝发育、产量较高的低压井

(1)先采用固化水进行暂堵压井作业,判断地层漏失情况。注入液量不宜过大,建议为 0.7~0.8 倍井筒容积。

(2)采用井下液面监测仪实时监测液面动态,推算漏失速度,优化灌液措施。

(3)若固化水压井漏失较严重,则采用合适的凝胶暂堵修井液进行暂堵压井。注入液量及次数根据井下暂堵情况确定,但每次注液量不宜过大,建议为 0.8~1 倍井筒容积,并制订好泵压、排量等相关参数,确保暂堵效果。

(4)采用井下液面监测仪实时监测液面动态。

(二)老井套管段铣技术

段铣作为一项大修技术,工艺要求高、作业难度大,在平时修井中应用较少。国内储气库形成了适应 $\phi127mm$、$\phi177.8mm$ 以及 $\phi177.8mm + \phi127mm$ 套管的段铣配套技术。

1. 套管段铣难点

根据对储气库老井井况分析,其段铣难点主要有:

(1)段铣井数多。

凡不满足储层顶界以上水泥返高大于 200m,且储气层顶界盖层以上连续优质水泥胶结段大于 25m 的,均须对盖层井段进行段铣。

生产套管与技术套管环空窜气的井需要段铣。

(2)段铣井段深、段铣井段长。

如相国寺储气库盖层段铣段井深接近 2500m,苏桥储气库更是在 4000m 以上,段铣长度要求不少于 30m,因此对段铣工具和工艺要求高。

(3)段铣套管类型多。

既有 $\phi177.8mm$ 套管,又有 $\phi127mm$ 小套管,还有一些组合套管。

2. 段铣工具优选和参数优化

1)段铣工具优选

(1)全井 $\phi127mm$ 生产套管。

段铣工具组合:段铣器 + 回压阀 + $\phi88.9mm$ 钻铤 2 柱 + $\phi73mm$ 钻杆。

扩眼工具组合:西瓜皮钻头 + 扩眼器 + $\phi88.9mm$ 钻铤 2 柱 + $\phi73mm$ 钻杆。

(2)($\phi177.8mm + \phi127mm$)组合尾管。

段铣工具组合:段铣器 + $\phi88.9mm$ 钻铤 2 柱 + $\phi73mm$ 钻杆 + $\phi88.9mm$ 钻杆。

扩眼工具组合:西瓜皮钻头 + 扩眼器 + $\phi88.9mm$ 钻铤 2 柱 + $\phi73mm$ 钻杆 + $\phi88.9mm$ 钻杆。

(3)全井 $\phi177.8mm$ 生产套管。

段铣工具组合:段铣器 + $\phi127mm$ 钻铤 2 柱 + $\phi88.9mm$ 钻杆。

扩眼工具组合:西瓜皮钻头 + 扩眼器 + $\phi88.9mm$ 钻铤 2 柱 + $\phi88.9mm$ 钻杆。

2)段铣参数优化

(1)全井 $\phi127mm$ 生产套管。

钻压:10～20kN,排量:6～8L/s,转速:30～50r/min。

(2)(φ177.8mm+φ127mm)组合尾管。

钻压:15～20kN,排量:9～12L/s,转速:50～60r/min。

(3)全井φ177.8mm生产套管。

钻压:15～30kN,排量:15～17L/s,转速:50～60r/min。

3. 段铣施工技术要求

(1)段铣工具须和套管尺寸配套,并根据套管尺寸制订好转速、泵压、排量等措施。

(2)段铣前根据入井段铣工具尺寸对井筒尤其是段铣井段进行反复通刮。

(3)段铣压井液密度采用钻进该段时的钻井液密度,要求压井液携砂性能好。

(4)段铣过程中出现起下钻阻卡,应及时下铣锥进行通井,同时对阻卡井段进行电测,了解井筒状况,优化下步段铣措施。

(5)段铣期间应搞好循环工作,避免水泥和铁屑在井筒沉积。

(6)段铣结束后、下扩眼器前,应先采用钻头进行通井、冲砂等措施,确保扩眼器顺利下入作业。

(7)段铣期间若出现井漏则采取相应措施使至井内平稳。

(8)段铣时出现井涌立即关井求压,根据井口压力推算测地层压力,并按井控规定调整相应密度的压井液进行循环压井,直至将井压平稳后才能继续作业。

(三)套管剩余强度计算

对于含酸性流体的老井,生产套管腐蚀严重,井筒状况差,管材腐蚀后其抗内压强度、抗外挤强度等都会降低,因此检测生产套管腐蚀特征,评估生产套管腐蚀后其强度变化情况非常必要。

1. 生产套管的腐蚀特征

1)生产套管的外腐蚀

生产套管从外壁向内延伸的腐蚀称为外腐蚀。套管的外腐蚀既不易被发现,也很容易被忽略。外腐蚀源有以下几种:

(1)地层中的腐蚀性流体直接与套管相接触或先腐蚀水泥环再腐蚀套管。

(2)套管外的钻井液含腐蚀性成分或化学作用后产生腐蚀性成分。

(3)含盐碱地层中存在的电介质,套管与不同电介质接触或材质不均造成电流腐蚀,有的地层本身带有大地电流,从而形成地电腐蚀。

2)生产套管的内腐蚀

生产套管的内腐蚀就是地层流体中腐蚀介质对生产套管由内壁向外延伸的腐蚀。生产套管内腐蚀程度可通过测井手段进行检测。

生产套管内腐蚀特征如下:

(1)上段,硫化物应力腐蚀段,这段电化学腐蚀较弱,应力腐蚀更危险。

(2)中段(气液界面变化段),以H_2S和CO_2电化学腐蚀为主,但CO_2腐蚀更严重(变薄、坑蚀、甚至穿孔)。

(3)下段,以H_2S和CO_2的电化学腐蚀为主,其中尤以CO_2腐蚀临界点附近腐蚀最严重。

在开采条件下储气层以上井段温度升高,腐蚀临界点上移,所以产量越大,腐蚀井段越长。

2. 油管的腐蚀特征

油管内外均受到地层流体腐蚀介质的腐蚀。油管内腐蚀情况可在起油管前进行电测检测。其腐蚀特征如下:

(1)上段,油管硫化物应力腐蚀段,若是非抗硫油管容易出现油管断裂。

(2)中段(气液界面变化段),以 H_2S 和 CO_2 电化学腐蚀,存在油管变薄、坑蚀、穿孔。老井起油管时,油管容易断裂落井。

(3)下段(腐蚀临界点段),以 H_2S 和 CO_2 的电化学腐蚀严重段。地层温度低于 CO_2 腐蚀临界温度的井,其下段 CO_2 的腐蚀严重程度会大大降低。

3. 剩余强度计算

1)强度变化分析

(1)油套管腐蚀后材质发生变化,强度降低。

油套管被 H_2S 腐蚀后产物 FeS 的强度远低于油套管腐蚀前钢材的强度。

油管套被 CO_2 腐蚀后产物 $FeCO_3$ 的强度也远低于油套管腐蚀前钢材的强度。

(2)油套管腐蚀后变薄、坑蚀都使油套管抗拉、抗内压、抗外挤强度降低。

由于腐蚀后材质变化,壁厚变小均使其强度降低,特别是深气井腐蚀变薄后的生产套管更容易被压坏。

腐蚀后的油管更容易断裂。由于腐蚀后油管壁厚不规则变小既出现应力集中又出现应力增大,油管抗拉强度降低,油管更容易断裂。

2)腐蚀后油套管剩余强度计算

(1)变薄修正系数。

$$\alpha = \frac{\left(\dfrac{b^2}{a'^2} - \dfrac{b^2}{b'^2}\right)\left(\dfrac{b'-a'}{b-a}\right)^{0.25}}{\dfrac{b^2}{a^2} - 1} \tag{4-2-1}$$

式中 α——变薄修正系统;

   a,b——计算段套管的内外理论半径,mm;

   a',b'——计算段腐蚀变薄后套管的最大内半径和最小外半径,mm。

注意:变薄修正系数考虑了几何尺寸变化时对力学性能的影响,未考虑材质变化的影响。变薄修正系数不仅适用于腐蚀变薄,也适用于其他原因引起的变薄如磨损变薄。

(2)变薄后油套管抗内压强度计算。

$$p'_{抗压} = \alpha p_{抗压} \tag{4-2-2}$$

式中 $p'_{抗压}$——腐蚀变薄后计算段套管的抗内压强度,MPa;

   $p_{抗压}$——计算段套管的抗内压强度,MPa。

[**计算实例1**]已知生产套管参数如下:$a = 76.25$mm,$b = 88.9$mm,$a' = 78.25$mm,$b' = 87$mm,$p_{抗压} = 120.18$MPa;求 $p'_{抗压} = ?$

$$解:p'_{抗压} = \frac{\left(\frac{88.9^2}{78.25^2} - \frac{88.9^2}{87^2}\right) \times \left(\frac{87 - 78.25}{88.9 - 76.25}\right)^{0.25} \times 120.18}{\frac{88.9^2}{76.25^2} - 1}$$

$$= \frac{0.24657 \times 0.91197 \times 120.18}{0.35933}$$

$$= 75.207 \text{MPa}$$

（3）变薄后油套管抗外挤强度计算。

$$p'_{抗挤} = \alpha p_{抗挤} \qquad (4-2-3)$$

式中　$p'_{抗挤}$——腐蚀变薄后计算段套管的抗外挤强度，MPa；

　　　$p_{抗挤}$——计算段套管的抗外挤强度，MPa。

其余符号意义同前文。

[计算实例2]已知生产套管参数如下：$a=76.25$mm，$b=88.9$mm，$a'=78.25$mm，$b'=87$mm，$p_{抗挤}=117.62$MPa；求$p'_{抗挤}=?$

$$解:p'_{抗挤} = \frac{\left(\frac{88.9^2}{78.25^2} - \frac{88.9^2}{87^2}\right) \times \left(\frac{87 - 78.25}{88.9 - 76.25}\right)^{0.25} \times 117.62}{\frac{88.9^2}{76.25^2} - 1}$$

$$= \frac{0.24657 \times 0.91197 \times 117.62}{0.35933}$$

$$= 73.606 \text{MPa}$$

（4）变薄后油套管油管抗拉强度计算。

$$p'_{抗拉} = \left(\frac{\overline{d_{测o}} + \overline{d_{测i}}}{d_o + d_i}\right)\left(\frac{\overline{d_{测o}} - \overline{d_{测i}}}{d_o - d_i}\right)^{1.5} p_{抗拉} \qquad (4-2-4)$$

式中　$p'_{抗拉}$——腐蚀变薄后计算段油管的抗拉强度，kN；

　　　$p_{抗拉}$——计算段油管的抗拉强度，kN；

　　　$\overline{d_{测o}}$——计算段油管的电测平均外直径，mm；

　　　$\overline{d_{测i}}$——计算段油管的电测平均内直径，mm；

　　　d_i，d_o——计算油管的标准内外直径，mm。

[计算实例3]已知某井某段油管数据如下：$d_o=73.02$mm，$d_i=62$mm，$\overline{d_{测o}}=72$mm，$\overline{d_{测i}}=63.5$mm，$p_{抗拉}=650$kN，求$p'_{抗拉}=?$

$$解:p'_{抗拉} = \left(\frac{72 + 63.5}{73.02 + 62}\right) \times \left(\frac{72 - 63.5}{73.02 - 62}\right)^{1.5} \times 650$$

$$= 1.00356 \times 0.67742 \times 650$$

$$= 441.981 \text{kN}$$

（5）注意事项。

① a'和b'必须使用电测油套管井径数据；$\overline{d_{测o}}$和$\overline{d_{测i}}$必须使用实际电测油管数据。

② 由于电测井径是平均值，a'的取值可做如下处理：直井 $a'=0.7(\overline{d_{测i}}-2a)$；斜井 $a'=$

$0.8(\overline{d_{测i}}-2a)$；水平井 $a'=0.9(\overline{d_{测i}}-2a)$。$b'$处理方法同 a'。

③ 腐蚀变薄后生产套管抗内压和抗外挤强度都明显降低，要特别注意在修井时保护好生产套管安全。

④ 腐蚀变薄后抗拉强度明显降低，这一点必须引起足够重视，防止上起油管和试提油管时造成油管断裂落井。

第三节　老井再利用工艺

一、老井再利用原则

对于检测评估合格的老井，一般可再利用为：注采井、采气井、观察监测井和排液井。老井利用的基本原则如下：

（1）按照气井标准设计，生产套管为气密封螺纹，无套损套变，固井质量较好，在零套压工况下，可以作为注采气井。

（2）生产套管为普通螺纹，无套损套变，固井质量较好，在零套压工况下，可以作为采气井。

（3）生产套管无套损套变，固井质量较好，区块边界部位老井，在零套压工况下，可以作为监测井。根据地质气藏要求，监测井监测内容不同，采用不同型号的监测仪器。

根据上述原则，通过资料定性分析筛选出的再利用老井，通过电测套管固井质量、套管壁厚、井眼轨迹、计算变薄后的套管强度、试压等技术措施，对井筒是否满足老井再利用条件进行评估，若满足条件则下入相应完井管柱；若不满足条件则进行永久性封堵处理。

根据中国石油天然气股份有限公司下发的《油气藏型储气库钻完井技术要求（试行）》，储气库老井再利用为监测井还必须满足以下三个条件：

（1）储气层顶部以上盖层段水泥环连续优质胶结段长度不少于25m，且以上固井质量良好以上胶结段长度不小于70%。

（2）生产套管采用清水介质试压至储气库最高运行压力值，30min 压降不大于 0.5MPa。

（3）按实测套管壁厚进行套管柱强度校核，校核结果应满足实际运行工况要求。

二、老井再利用施工工序

（一）井筒准备

井筒准备的目的是通过修井手段，验证井筒状况，为后期完井创造条件。典型的井筒准备工序设计如下：

（1）泄压、压井（简易井口考虑带压钻孔）。

（2）整改井口，具备起下钻井控条件。

（3）起出井内管柱。

（4）刮管、通井、桥塞暂闭（井内液面过低影响电测效果时需要桥塞暂闭井筒）。

（5）电测作业，内容包括固井质量评估测井、套管腐蚀情况评估测井、井筒密封性评估测井、井眼轨迹陀螺测井等。

（6）全井试压，综合考虑套管剩余强度、老井再利用的用途、储气库运行工况等因素，确定试压值。

（7）钻磨桥塞，保证井眼畅通。

（8）评价井筒状况。

（二）完井设计

经评估能够进行再利用，则根据储气层特点并结合利用目的进行相应的完井设计。

1. 储气层含硫

1）采气井或储气层监测井

（1）完井管柱：油管（抗硫、气密封螺纹）+ 井下安全阀 + 油管（抗硫、气密封螺纹）+ 可取式封隔器 + 筛管 + 坐落接头。

（2）井口装置：采用采气井口，满足安全阀控制管线整体穿越。

2）盖层或断层监测井

（1）完井管柱：光油管（抗硫、普通螺纹）。

（2）井口装置：采用国产采气井口，盖板法兰、油管挂预留电缆（光纤）穿越通道。

（3）监测措施：永置式压力、温度监测系统。

2. 储气层不含硫

1）采气井或储气层监测井

（1）完井管柱：油管（气密封螺纹）+ 井下安全阀 + 油管（气密封螺纹）+ 封隔器 + 筛管 + 坐落接头。

（2）井口装置：采用国产采气井口，满足安全阀控制管线整体穿越。

2）盖层或断层监测井

（1）完井管柱：光油管（普通螺纹）。

（2）采气井口：采用国产采气井口，盖板法兰、油管挂预留电缆（光纤）穿越通道。

（3）监测措施：永置式压力、温度监测系统。

参 考 文 献

[1]李国韬,金根泰.油气藏型储气库废弃井封堵技术浅析[J].油气井测试,2017,26(6):50-55.

[2]刘贺,齐行清.油气藏型地下储气库老井封堵技术优化及成效[J].化学工程与装备,2018,47(11):177-179.

[3]刘世常,巫杨,石维琼.老井封堵技术在黄草峡储气库建设中的应用[C].2018年全国天然气学术年会,2018.

[4]李治,于晓明,汪熊熊.长庆地下储气库老井封堵工艺探讨[J].石油化工应用,2015,34(2):52-55.

[5]曹洪昌,王野,田惠.苏桥储气库群老井封堵浆及封堵工艺研究与应用[J].钻井液与完井液,2014,31(2):55-58.

[6]冷曦,许得禄,邓毅.呼图壁储气库呼2井封井工艺技术[J].新疆石油地质,2012,33(6):744-746.

第五章 注采井井筒完整性保障技术

由于储气库注采井具有长周期、压力交变等运行特点,为保证注采井的安全运行,井筒完整性越来越受到重视。经过10余年的研究实践,国内储气库在井筒完整性保障方面形成了系列技术,包括半定性半定量的风险评估方法和套管柱、注采管柱、气密封检测、环空带压、管柱密封等单项保障措施[1]。此外,为确保技术措施现场落实到位,还应加强现场监理工作。将储气库工程监理作为一项独立的技术保障体系进行了简要介绍。

第一节 井筒完整性保障措施

一、储气库注采井风险评估方法

随着储气库注采井数量越来越多,运营者亟需可实现储气库井风险排序的方法,依据评估结果制订维护策略,做到资源优化配置。目前国内基于故障树理论建立了储气库注采井风险评估方法[2]。

(一)统计分析

通过事故案例统计分析和储气库运行工作特点分析,识别了储气库注采井的风险因素,主要包括腐蚀、设备失效、冲蚀、误操作、冰堵、地层因素、机械损伤、自然力及未知因素等,具体见表5-1-1。

表5-1-1 储气库注采井风险因素统计表

共性风险	风险因素名称	具体分类名称
腐蚀	外腐蚀	外腐蚀
	内腐蚀	内腐蚀
	细菌腐蚀	细菌腐蚀
	应力腐蚀	应力腐蚀
设备失效	制造缺陷	管体缺陷
		管焊缝缺陷
		井口组装缺陷
		井口阀门缺陷
	施工缺陷	管柱磨损
		螺纹接头黏扣及密封面损伤
	服役过程中的设备功能失效	O形垫圈失效
		控制/泄放阀失效

共性风险	风险因素名称	具体分类名称
设备失效	服役过程中的设备功能失效	固井水泥环密封失效
		封隔器、悬挂器密封失效
		注采管柱、套管鞋密封失效
		仪器或仪表的失准
冲蚀	冲蚀	内部沙粒
操作相关	操作相关	维修误操作
冰堵	水合物生成	水合物生成
地层因素	地质构造因素	盖层密封失效、断层激活、可扩散地层
机械损伤	第三方/机械破坏	第三方活动造成的破坏
		人为故意破坏
	机械疲劳、振动	压力波动金属疲劳
自然灾害	气候/外力作用	极端温度(如寒流)
		狂风(裹挟岩屑)
		暴雨、洪水
		雷电
		大地运动、地震
未知因素	未知因素	未知因素

(二)故障树

地下储气设施相比油气管道要复杂得多,引发失效的事件也相对较多,如图5-1-1所示,因此适于采用故障树方法来确定地下储气设施失效概率(图5-1-2),以储气库井泄漏作为顶事件,建立了地下注采井泄漏故障树,并按照故障树逻辑计算泄漏失效概率。储气库注采井失效概率计算的关键是基本事件的发生概率,基本事件发生概率计算方法采用统计法或建立工程评价模型计算获得。统计法主要是通过收集相应的储气库或同类设施的历史失效数据进行分析,得出该失效事件过去的发生频率,并以此预测现在或将来的发生频率。对于设备失效、固井水泥泄漏、盖层泄漏等基本事件的发生概率可采用统计法。当历史数据不能或获取不充分时,则可采用建立的工程评价模型来计算基本事件的发生概率。

注采井失效后果计算模型是专门用来量化其发生泄漏对人员生命安全、经济和环境方面造成的后果。对于泄漏模式,后果模型则需考虑气体泄漏对人员生命安全、经济和环境等方面的综合影响。其中,人员生命安全后果,考虑灾害发生后人员死亡人数和受伤情况,灾害模型采用喷射火模型;经济后果,考虑产品损失费用、设施维修费用、灾害发生后造成的财产损失以及服务中断费用;环境后果,考虑气体泄漏到含水层或空气中对环境的影响,对于储存介质不

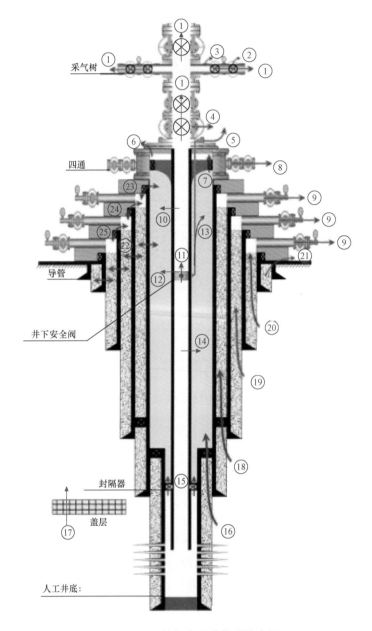

采气树

四通

导管

井下安全阀

封隔器

盖层

人工井底:

图5-1-1 储气库注采井泄漏路径

含有毒或强酸性物质的储气库而言,环境后果可不予以重点考虑。泄漏事件的严重度级别考虑小泄漏、大泄漏和破裂三类,不同的严重度级别,其失效后果差别很大。泄漏失效后果计算关键在于不同泄漏级别的泄漏率计算。通过适用性分析,确定泄漏到大气、地层泄漏和水泥环微环隙泄漏速率计算模型,对于地层泄漏和大气泄漏的情况,小泄漏和大泄漏采用 Beggs (1984)建立的阻流模型[式(5-1-1)]。对于破裂泄漏情况,采用式(5-1-2);水泥环泄漏速率按式(5-1-3)计算;地层迁移泄漏半径按式(5-1-4)计算。

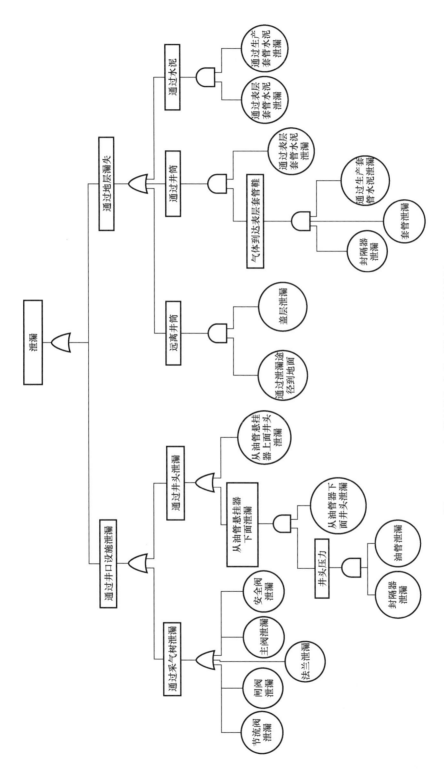

图 5－1－2　气藏型储气库地下储气设施故障树

$$q_{SC} = \frac{C_n p_1 d_{ch}^2}{\sqrt{\gamma_g T_1 Z_1}} = \sqrt{\left(\frac{k}{k-1}\right)\left(y^{\frac{2}{k}} - y^{\frac{k-1}{k}}\right)} \qquad (5-1-1)$$

其中

$$y = \left(\frac{2}{k+1}\right)^{\frac{k}{k-1}}$$

式中　q_{SC}——泄漏速率，m^3/s；

C_n——常量，取 3.7915；

p_1——泄漏位置处的井内压力，kPa；

d_{ch}——孔直径，mm；

γ_g——天然气相对密度；

T_1——泄漏位置处的井内温度，K；

Z_1——在温度 T_1 和压力 p_1 下的天然气的压缩因子；

k——绝热指数。

$$q(t) = \frac{2\pi Kh}{\mu} = \frac{p_w - p_e}{\ln(r(t)/r_w)} \qquad (5-1-2)$$

式中　$q(t)$——泄漏速率，cm^3/s；

K——地层的水平渗透率，mD；

h——可渗透性地层的高度，m；

p_w——泄漏处的压力，MPa；

p_e——天然气扩展前缘的气水界面压力，MPa；

μ——气体黏度，$mPa\cdot s$；

$r(t)$——随时间变化的气体从井筒向外扩展的距离，m；

r_w——井筒半径，按生产套管半径计算，m。

$$q = -1.276 \times 10^6 \frac{zT}{\gamma_g}\ln\left(\frac{p_2}{p_1}\right)\frac{AR_H^2\rho}{L\mu} \qquad (5-1-3)$$

式中　q——泄漏速率，m^3/d；

z——天然气压缩因子；

γ_g——天然气相对密度；

T——泄漏位置处的气体温度，K；

p_2——地层压力，MPa；

p_1——泄漏位置（胶结面）的气体压力，MPa；

A——水泥环泄漏孔的当量面积，m^2；

R_H——泄漏地层半径，m；

ρ——标况空气的密度，kg/m^3；

L——水泥环泄漏点到地面的高度,m;

μ——泄漏位置处的气体黏度,mPa.s。

$$\frac{Kt}{\mu(1-S_w)\phi r_w^2}(p_w-p_e)=\frac{1}{2}\left[\left(\frac{r(t)}{r_w}\right)^2-1\right]\left[\lg\left(\frac{r(t)}{r_w}\right)-\frac{1}{2}\right] \quad (5-1-4)$$

式中 K——地层的水平渗透率,mD;

t——时间,s;

μ——地层泄漏天然气的平均黏度,mPa.s;

p_w——泄漏处的压力,MPa;

p_e——天然气扩展前缘的气水界面压力,MPa;

S_w——含水饱和度;

ϕ——地层孔隙度;

r_w——井筒半径,按生产套管半径计算,m;

$r(t)$——随时间变化的地层迁移泄漏半径,m。

(三)风险计算

综合失效概率和失效后果建立了储气库储气和注采气系统定量风险评估方法。储气和注采系统的风险主要考虑个体安全风险和经济风险两个方面。个体安全风险是指生活或工作在地下储气设施附近的任何个体因天然气泄漏造成的死亡概率,它与泄漏发生的概率、危害类型、灾害区域类的人员分布情况相关。对个体安全风险推荐了 10^{-4} 次/a 和 10^{-6} 次/a 两个门槛值,将个体安全风险划分为风险可接受区、风险可容忍区和风险不可接受区三个区间。经济风险是失效事件发生概率与失效后果(经济费用)相乘得到的。对于经济风险门槛要通过成本分析来确定,本质上是要通过风险费用和安全费用的综合平衡,从而将成本控制在最低,风险控制措施的级别控制在最佳。

二、地下储气库套管柱安全检测评价技术

针对在役储气库井套管柱服役状况和老井套管柱再利用的突出问题,经过研究,国内建立了储气库注采井套管柱结构技术状况和套管外状况的检测方法,确立了储气库井套管柱的技术检测评价程序[3,4]。

由于套管受到外力、化学腐蚀等因素的作用而引起套管变形、损坏,直接影响地下储气库完井管柱的使用寿命,套管损坏检查已成为储气库后期使用过程中的重点工作之一。套管检测方法主要通过测井的手段,通过检测到的物理信号间接地或直接地判断管内的腐蚀及损坏情况,精确度高、直观性强、易于解释分析。

建立了仪器准备、关井、通径、测井、结果分析等五步检测评价程序。测井主要分为三次:第一次是使用高灵敏度井温测井仪、压力测井仪、自然噪声测井仪、湿度测井仪、磁性定位仪和伽马测井仪的综合测井;第二次使用的是放射性测井仪器(伽马测井仪、中子伽马测井仪和磁性定位仪);第三次是磁脉冲探伤测井,在完成其他所有测井工作后进行。但对套管间带压井,为了研究其压力形成原因,必须在完成上述第一次综合测井后用同样的综合测井方法测量,至少进行 3 种状态下的井温测量。

依据测井资料,主要评价分析固井质量、井内温压、环空窜漏、油管柱和套管柱状况等,并确定井下设备所处位置(管接头、套管鞋、封隔器、安全阀等)、井的技术状况(揭示油管和生产套管的损坏段、确定油管和生产套管的壁厚、揭示套管外窜流井段、揭示套管外气体聚集段)、井内温压条件(确定井底压力、研究井筒内压力分布特征、确定充满井筒内流体的密度分布)。利用气体动力学原理研究分析了油套环空、套管间环空压力的变化,评价管柱的密封性。例如按照上述研究方法成果,对大港储气库库5-8井和库6-5井两口环空带压井进行了地球物理测试分析和气体动力学分析。研究结果表明,该两口井外层套管间环空和油套环空间出现了连通。

进一步结合套管柱几何尺寸技术状况检测,细分了两种检测方法:一种是超声成像测井方法,检测精度高,可三维立体成像,但须在井筒内充满液体进行检测并且费用高;另一种是多臂井径仪+电磁探伤综合测井方法,可在干井筒内进行检测,但只能获得内径和平均壁厚,误差相对大。

针对地下储气库套管柱剩余强度计算评价和服役寿命评估,首先建立套管柱强度分析计算模型,计算模型主要依据 von Mises 理论,建立均布载荷下套管柱三轴强度模型,获得其三轴抗挤强度、三轴抗内压强度、三轴抗拉强度计算公式。同时针对地下储气库套管作业特点,重点研究了磨损、腐蚀、裂纹以及水泥环对套管强度的影响,并进行了相应的强度计算分析,确定了储气库套管剩余强度计算方法,分为一般方法和精确方法。在获得套管柱的剩余强度后,依据套管在一定工作压力下的临界壁厚和腐蚀速率,评估预测套管的剩余使用寿命。

如基于测井数据对板南储气库白5-1井套管柱的几何尺寸、抗内压强度、抗外挤强度及其安全系数进行分析,得知在储气库运行过程中,按照其上限压力 31MPa、下限压力 13MPa 以及管外 $1.05g/cm^3$ 地层水计算,5~3050m 井段套管柱抗内压安全系数符合 SY/T 5724—2008 规定,5~2905m 井段套管柱抗挤安全系数符合 SY/T 5724—2008 规定,但 2905~3050m 井段套管柱抗挤安全系数不符合 SY/T 5724—2008 规定,其抗挤安全系数在 3033.3m 处最小为 0.93。同时,建议在满足中国石油天然气股份有限公司文件《油气藏型储气库钻完井技术要求》下,应确保封隔器坐封后完全密封,并动态监控油套环空压力最大不要超过 10MPa(环空内为气柱),最好低于 5MPa(环空内为小于 $1.05g/cm^3$ 的液体),并做好放压措施。

对储气库而言,固井质量测井手段和评价方法与油气田并未有太大区别,区别主要在于储气库对固井质量要求更严格,储气层及顶部以上盖层段水泥环连续优质胶结段长度不少于 25m,且以上固井段合格胶结段长度不小于 70%。针对储气库大套管和低密度水泥浆的特点,储气库固井质量评价主要采用基于频谱分析方法,主要包括:(1)基于数值模拟确定套管波和地层波的频率范围;(2)计算套管波和地层波幅度或功率值;(3)利用套管波和地层波幅度和功率值计算界面胶结指数;(4)依据界面胶结指数和固井质量评价标准(表5-1-2)评价固井质量(图5-1-3)。

表5-1-2　固井质量评价标准

衰减系数	二界面胶结指数 BI_2	评价结果
≥4.66	$0.8 < BI_2 < 1.0$	胶结好
2.66~4.66	$BI_2 < 0.8$	一界面胶结好/二界面胶结差
2.66~4.66	$0.5 \leq BI_2 \leq 0.8$	胶结中等
<2.66	$BI_2 < 0.5$	胶结差

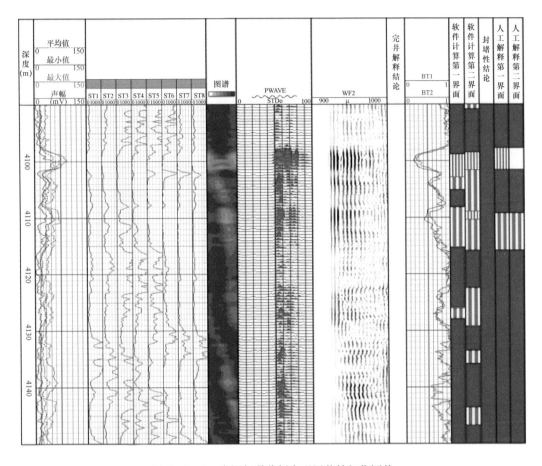

图5-1-3 应用频谱分析实现固井精细化评价

三、地下储气库注采管柱完整性评价方法

针对地下储气库管柱管体和螺纹接头损伤类型,系统分析了在储气库注采管柱载荷变化,考虑制造缺陷、腐蚀和裂纹等缺陷,建立了基于三轴强度的管柱管体剩余强度计算模型、基于断裂力学的管柱管体剩余强度计算模型和剩余寿命预测模型、基于数值模拟方法的套管柱螺纹结构和密封完整性评价模型,形成了储气库注采管柱完整性评价方法(图5-1-4)。

针对地下储气库注采管柱剩余强度计算评价和服役寿命评估,同套管柱的方法基本类似,基于三轴强度理论,并考虑腐蚀、磨损和裂纹等对注采管柱强度的影响,不同处在于载荷计算考虑的因素不同。系统分析建立了注采管柱下入、封隔器坐封过程、坐封、打球、落球瞬间、环空试压、稳态注采气过程的内压力、外压力和轴向力计算模型。对于稳态注气过程,内压力应考虑井口敞开和井口关闭两种情况,井口敞开时油管内压力等于管柱内气柱压力,即:

$$p_i = p_s / e^{1.11548 \times 10^{-4} G(H-h_V)} \tag{5-1-5}$$

井口关闭时油管内压力等于储气库运行压力,即:

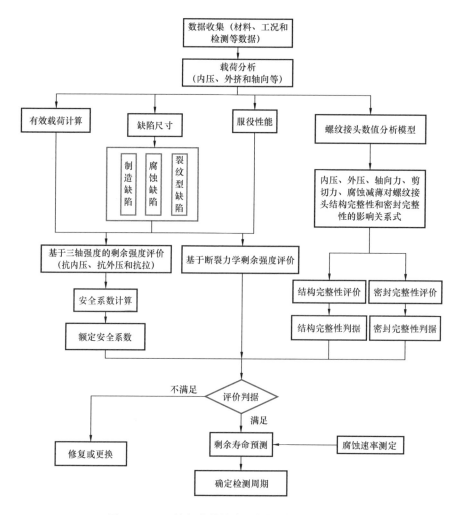

图 5 - 1 - 4　储气库管柱完整性评价技术路线图

$$p_i = p_s \qquad (5 - 1 - 6)$$

其中

$$p_s = [p_{s\,min}, p_{s\,max}] \qquad (5 - 1 - 7)$$

外压力主要考虑注采管柱外压力主要来自环空保护液静液柱压力,若环空井口带压,则注采管柱外压力为:

$$p_o = p_{oh} + 0.00981\rho_m h_V \qquad (5 - 1 - 8)$$

轴向力应综合考虑管柱下入、坐封、温度效应、鼓胀效应、活塞效应和气流摩阻效应。其中因管柱下入、坐封等产生的轴向力:

$$F_1 = F_{ame} \qquad (5 - 1 - 9)$$

因温度效应产生的轴向力:

$$F_2 = -\alpha E A_s \Delta T \tag{5-1-10}$$

因鼓胀效应产生的轴向力：

$$F_3 = 0.6(\Delta p_{ia} A_i - \Delta p_{oa} A_o) \tag{5-1-11}$$

因活塞效应产生的轴向力：

$$F_4 = -\left[(A_p - A_i)\Delta p_i - (A_p - A_o)\Delta p_o \right] \tag{5-1-12}$$

因气流摩阻效应产生的轴向力：

$$F_5 = \pm \frac{\pi}{4} d^2 \Delta p_f \tag{5-1-13}$$

注气时，管柱内壁摩阻力向下，取"+"；采气时，管柱内壁摩阻力方向向上，取"-"。
其中：

$$\Delta p_f = \Delta p_{fi+1} \tag{5-1-14}$$

$$\Delta p_{fi+1} = \Delta p_{fi} + \frac{8\lambda \Delta L_i Q^2 \rho}{\pi^2 d^5}\left(1 + \frac{T_{iave}}{273.15}\right)\frac{p_o}{(p_i + p_{i+1})/2} \times 10^{12} \tag{5-1-15}$$

稳态注采气过程有效内压力：

$$p_{ie} = p_i - p_o \tag{5-1-16}$$

有效外压力：

$$p_{oe} = p_o - p_i \tag{5-1-17}$$

有效轴向力：

$$F_e = F_1 + F_2 + F_3 + F_4 + F_5 \tag{5-1-18}$$

当注采气过程中，坐封后管柱原始轴向力丧失，即 $F_1 = 0$，此时有效轴向力为：

$$F_e = F_2 + F_3 + F_4 + F_5 \tag{5-1-19}$$

当注采气过程中，$F_1 = 0$ 且 $F_5 = 0$（不考虑摩阻），此时有效轴向力为：

$$F_e = F_2 + F_3 + F_4 \tag{5-1-20}$$

当注采气过程中，考虑最大压力降 $\Delta p_f = p_{s\,max} - p_{s\,min}$，代入式（5-1-13），得最大摩阻力：

$$F_5' = \pm \frac{\pi}{4} d^2 (p_{s\,max} - p_{s\,min}) \tag{5-1-21}$$

则有效轴向力为：

$$F_e = F_1 + F_2 + F_3 + F_4 + F_5' \tag{5-1-22}$$

当注采气过程中 $F_1 = 0$，且考虑最大摩阻力 F_5'，此时有效轴向力为：

$$F_e = F_2 + F_3 + F_4 + F_5' \tag{5-1-23}$$

式中 p_i——油管内压力，MPa；

p_s——储气库运行压力，MPa；

G——天然气相对密度；

H——油管下入垂深，m；

h_V——计算点垂深，m；

p_o——油管外压力，MPa；

p_{oh}——环空压力，MPa；

ρ_m——环空保护液密度，g/cm³；

F_{ame}——锚定时的有效轴向力，N；

α——线性热膨胀系数，一般取 1.25×10^{-5}℃$^{-1}$，℃$^{-1}$；

E——弹性模量，一般取 2.06×10^5 MPa，MPa；

A_s——油管横截面积，mm²；

ΔT——平均温度的变化值，℃；

Δp_{ia}——油管内平均压力的变化值，MPa；

Δp_{oa}——环空平均压力的变化值，MPa；

A_i——油管内截面积，mm²；

A_o——油管外截面积，mm²；

A_p——封隔器内截面积，mm²；

Δp_i——封隔器处油管内压力的变化值，MPa；

Δp_o——封隔器处环空压力的变化值，MPa；

d——管体名义内径，mm；

Δp_f——管柱内摩擦压力降，MPa；

λ——摩阻系数；

ΔL_i——第 i 段管柱单元长度，m；

Q——工作状态下的天然气流量，m³/s；

ρ——工作状态下的天然气密度，g/cm³；

T_{iave}——气体流经第 i 段管柱的平均温度，℃；

p_{ie}——注采过程中有效内压力，MPa；

p_{oe}——注采过程中有效外压力，MPa；

p_e——注采过程中有效轴向力，MPa；

$p_{s\,max}$——储气库最大运行压力，MPa；

$p_{s\,min}$——储气库最小运行压力，MPa。

已知某储气库注采管柱作业参数(表5-1-3)，可计算获得随井深管柱有效轴向力变化规律，如图5-1-5所示。因封隔器以下管柱自由(约束改变)，以封隔器为界限，管柱受力方向出现拐点，但最大载荷均出现在封隔器以上管柱段，因此重点分析封隔器以上管柱受力情况。按照管柱有效轴向力、考虑应力松弛时有效轴向力、考虑纯压降时有效轴向力、考虑纯压降且应力松弛时有效轴向力等四种情况分析管柱受力变化情况。

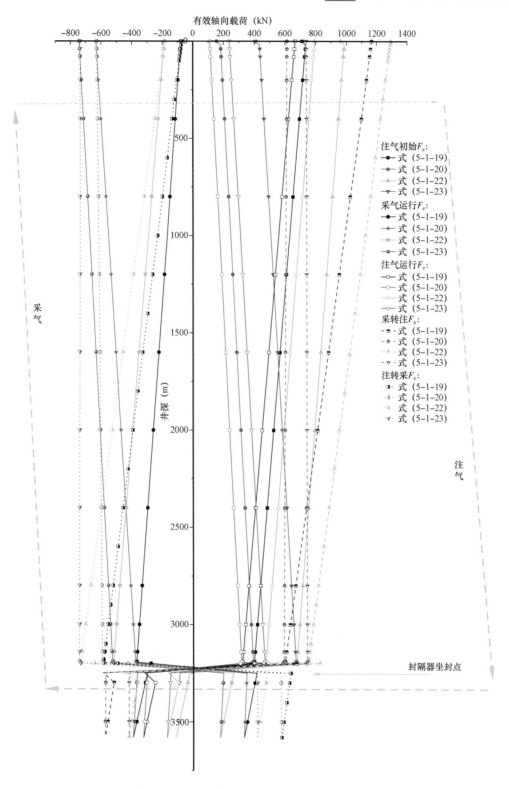

图 5 - 1 - 5 注采管柱有效轴向力随井深变化规律

表 5 - 1 - 3　某储气库注采管柱极限作业参数

参数	油管外径（mm）	油管壁厚（mm）	油管钢级	油管下深（m）	封隔器坐封深度（m）	封隔器最小内径（mm）	封隔器最大外径（mm）	安全阀最大外径（mm）	安全阀最小内径（mm）
数据	114.3	7.37	P110	3580	3200	97.79	146.05	151.51	93.68
参数	注入气体相对密度	环空保护液密度（g/cm³）	井口温度（℃）	地层温度（℃）	上限运行压力（MPa）	下限运行压力（MPa）	日注气（10⁴m³）	日采气（10⁴m³）	环空压力（MPa）
数据	0.6	0.9	15	92.7	34	18	150	120	0

注:地温梯度为 2.2℃/100m。

　　提出了储气库管柱螺纹接头密封完整性和结构完整性评价准则,建立了注采工况下的储气库注采管柱螺纹结构和密封完整性评价数值分析模型,分析了腐蚀减薄、注采工况对管柱螺纹结构完整性和密封完整性的影响(图 5 - 1 - 6 和图 5 - 1 - 7)。

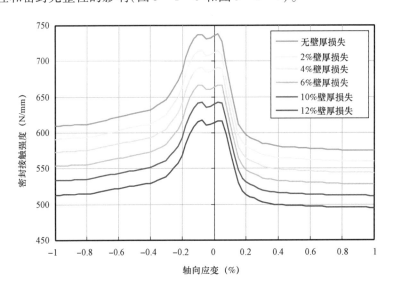

图 5 - 1 - 6　不同轴向载荷下 J55 注采管 VAGT 螺纹密封接触强度(2D 图)

四、油套管气密封检测技术

　　为提高管柱的气密封性能,储气库油套管均采用气密封螺纹。长期的天然气开发经验和储气库注采井实际运行情况表明,即使使用了气密螺纹,也存在泄漏的情况。目前发现的影响螺纹密封性的因素主要有加工误差、运输或作业过程中的磕碰、密封脂的选择和使用、上扣扭矩值范围的选择、螺纹和密封面的清洁等。其中,管材生产过程中的加工误差是无法完全消除的,运输和作业过程中的磕碰也是难以避免的,注采过程中压力周期性变化引起的管柱变化等影响因素增加了气密封螺纹泄漏的不确定性。而一旦注采管柱发生泄漏,可能造成油套环空带压,增加了天然气向井筒外层窜漏甚至逸出地面的风险。如果油管刺断,修井费用巨大。因此开展注采管柱的气密性检测是很有必要的[5,6]。

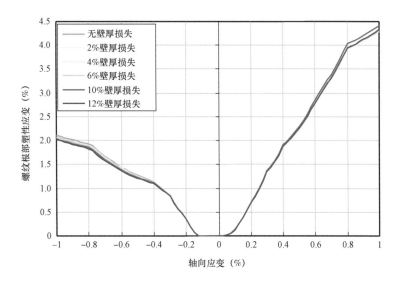

图 5 - 1 - 7　不同轴向载荷下 J55 - VAGT 注采管螺纹根部塑性应变(2D 图)

（一）螺纹气密性检测方法

在管柱入井前,先将坐封工具投入到被检测管柱内,调整工具的上、下卡封胶筒分别卡在油套管接箍的上下位置,通过高压水泵推动储能器中含氦气的混合气体压缩,在设定压力下坐封胶筒,当卡封胶筒坐封后,继续打压使密闭空间中的检测气体升压到设计检测压力。采用带有氦气检漏仪探头的检测集气套,从外部将油套管接箍包起来形成密闭空间,由于氦气分子直径小,易于沿微细间隙通道渗透,若管柱内有气体逸出,外部的高灵敏度氦气检测探头就会识别并报警,说明螺纹密封不合格。气密封检测仪器及原理如图 5 - 1 - 8 所示。

（二）气密封检测气体组分

气密封检测采用的试压介质为氦气和氮气的混合气体,通常检测过程中氦气和氮气的混合比例为 1 : 7。氦气为无毒安全的检测气体,分子直径很小,在微小的裂缝中易渗透,对油套管无腐蚀。氮气为承载气体,对油套管不产生任何腐蚀,是无毒安全的惰性气体,价格低廉并易于购置。表 5 - 1 - 4 为不同介质的渗透率对比。

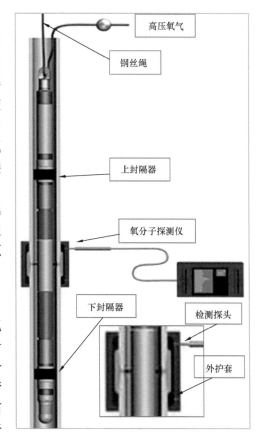

图 5 - 1 - 8　气密封检测仪器及原理示意图

表5-1-4 不同介质的渗透率(25.5℃时与氦气对比)

气体	氢气	氦气	水蒸气	氖气	氮气	空气	氩气
分子量	2	4	18	10	28	29	40
分子流渗透率(mD)	1.41	1.00	0.47	0.45	0.37	0.37	0.32

(三)气密封检测设备

气密封检测设备主要组成包括氦气分子检测仪、检测卡封工具、操作台、储能器以及动力部分。气密封检测设备各部分组成及工作原理如图5-1-9所示。

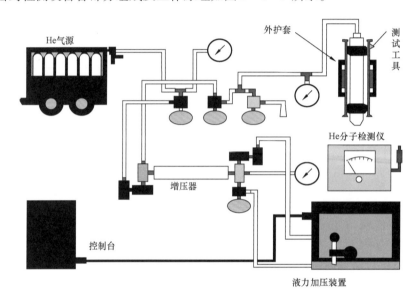

图5-1-9 气密封检测设备组成示意图

1. 氦气检测仪

氦气检测仪主要用于检测氦气的流动速率,根据检漏仪探测到的氦气泄漏率来判断螺纹密封性能是否合格。若检漏仪漏率超过 2×10^{-7} bar·mL/s,则表明螺纹密封性不合格,需采取相应的整改措施。若检漏仪检测到的漏率低于 2×10^{-7} bar·mL/s,则表明螺纹密封性能合格,其检测最低值为 1×10^{-6},检测灵敏度为 1×10^{-6}。

2. 检测卡封工具

用于在油套管内形成充满高压检测气体的密闭空间。检测卡封工具为双胶筒结构,通过打压在油套管内胀封,通过调整卡封工具位置定位在油套管内接箍上下位置,将连接有检漏仪探测头的检测集气套扣在油管接箍处。

3. 操作台

用于控制检测工具进出油套管。控制检测气体的打压和泄压程序,是整个气密封检测过程的总控台。

4. 储能器

产生高压检测气体的设备。低压氦气和氮气的混合气体进入储能器,高压水推动混合气体产生高压检测气体,检测压力最高能达到140MPa,能满足各种压力等级的检测需要。

5. 动力部分

动力部分是施工动力的产生设备,包括高压水泵、空气泵、液压泵等。

(四)气密封检测的意义

检测气体氦气是惰性气体,比空气轻,运载气体氮气是不活泼气体,所以使用安全、无腐蚀性、对人体无伤害。氦气分子直径很小、在气密封螺纹中易渗透,检测压力较高,最大能达到140MPa,能满足各种压力等级的需要。氦气检测仪非常灵敏,最低检测出泄漏率 10^{-7} bar·mL/s 的氦气,检测精度可以达到 1×10^{-6}。通过调研国外气密封检测实验资料,气密封检测螺纹的599个漏点,其中178个漏点用高压气在水中冒泡的检测方法无法检测出来,占所有泄漏点的29.7%,因此气密封检测技术具有很强的优势,能及时发现气密封螺纹泄漏,及时更换管柱,避免造成后期修井等复杂作业。表5-1-5为螺纹气密封检测现场应用部分井统计表。

表5-1-5 螺纹气密封检测现场应用部分井统计表

井号	规格(mm)	检测压力(MPa)	检测扣次	泄漏扣次
1#	244.5	20	124	1
2#	193.7	21	87	0
3#	193.7	21	89	0
4#	193.7	24	81	0
5#	244.5	24	84	5
6#	244.5	24	83	1
7#	244.5	24	91	0
8#	244.5	24	80	2
9#	244.5	30	88	0
10#	144.3	25	87	0
11#	244.5	24	80	0
12#	144.3	15	113	0
13#	244.5	24	81	0
14#	177.8	20	89	0
	114.3	18	112	0
15#	244.5	24	89	0
16#	114.3	20	114	0

续表

井号	规格(mm)	检测压力(MPa)	检测扣次	泄漏扣次
17#	244.5	24	90	0
18#	139.7	35	13	0
	177.8		339	12
19#	88.9	25	100	0
20#	177.8	20	92	0

五、储气库环空带压井危险性评价与管理技术

油气井环空带压是世界性难题,储气库井同样面临着严重挑战。国内建设的第一座气藏型储气库群——大港板桥库群共计76口注采井中有74口井存在井口带压现象。对于环空带压井安全管理,带压井是否安全、何时需要放压处理、何时需要修井,亟需形成环空带压危险性评价与管理技术。国际上公开发布的油气井环空压力管理标准主要是《Annular Casing pressure Management for Offshorc Wells》(API R90)和《Annular Casing pressure Management for Onshore Wells》(API R90 -2)两个标准。国内塔里木油田、西南油气田的油气井环空压力管理也主要基于这些标准开展;中国石油天然气股份有限公司编制的《高温高压及高含硫井完整性指南》涉及了生产阶段环空压力管理要求和最大允许环空压力(MAWOP)计算方法。但以上标准及规定未充分考虑储气库与常规气井的差别,同时诊断分析、风险评级等方面可操作性较差。国内研究单位结合储气库强注强采的工况特点,开展了以下研究工作:(1)考虑油管的抗挤毁失效模式和环空带压对螺纹密封完整性的影响,确定最大允许环空压力;(2)基于诊断阈值和完整性理念,确定环空压力控制措施;(3)研究了泄压试验诊断和对应管理措施;(4)提出了环空带压井危险等级及管理措施[7]。

环空压力管理流程如图5-1-10所示,主要包括最大允许环空压力确定、压力控制范围确定、环空压力监测、诊断测试、风险等级评定、制订维护维修方案。

建立的最大允许环空压力计算模型主要考虑各环空组件的强度校核。为实现分级管理,依据A环空最大极限压力值、最大允许井口运行压力、泄压诊断阈值压力、预警需加强监控阈值压力将环空压力分为危险治理区、泄压诊断区、预警需监控、正常监测区。以相关井屏障部件额定值中的最小值作为A环空最大极限压力值,泄压诊断阈值压力和预警需加强监控阈值压力推荐按照最大允许井口运行压力一定比率取值,分别推荐为90%和70%。

对于环空带压的井,应依据环空动态监测数据、气体成分对比分析等手段,结合压力泄放试验,识别压力来源。泄放试验要求如下:

(1)如果通过1/2in针型阀压力泄放到0MPa后,在24h内压力没有回升,可判断环空无持续环空带压问题,可能为热致环空带压或非常小的泄漏,井屏障有效。压力恢复曲线如图5-1-11(a)所示。

(2)如果通过1/2in针型阀泄压,在24h内未能泄放到0MPa,可判断部分井屏障失效致持续环空带压,泄漏速率不可接受。压力恢复曲线如图5-1-11(b)所示。

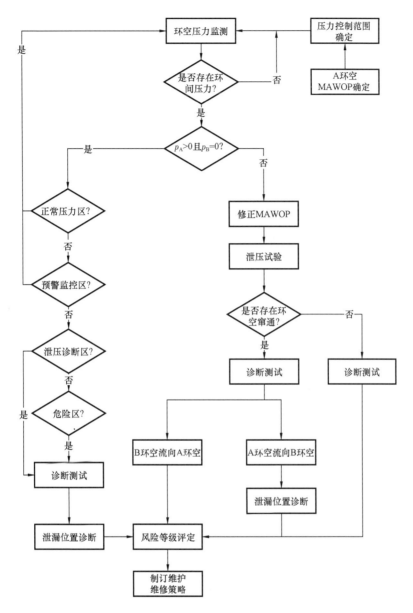

图 5 - 1 - 10　储气库井环空压力管理流程

p_A—油管和生产套管环空压力;p_B—生产套管和技术套管环空压力

（3）如果通过 1/2in 针型阀压力泄放到 0MPa 后,在 24h 内压力回升到初始压力,则需要监控状态的变化,定期评估压力保护屏障的功能是否可接受。压力恢复曲线如图 5 - 1 - 11(c)所示。

（4）如果压力泄放到 0MPa 后,在 24h 内压力回升到较低的值,则存在小泄漏,泄漏速率可接受,井屏障认为是有效的。需要监控状态的变化,定期评估压力保护屏障的功能是否可接受。在 24h 内压力不能升高至初始压力的原因可能包括以下情况:

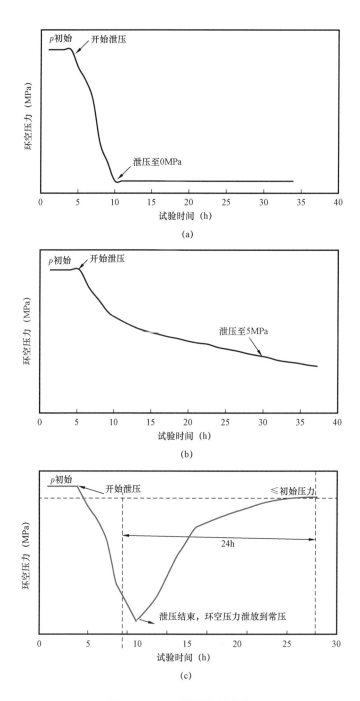

图 5 – 1 – 11　泄压恢复曲线

① 泄漏率非常小。

② 在环空顶部有大量的气体。

③ 部分初始压力由热效应引起。

④ 泄压后升压的初期,管柱充满流体,升压通过气泡慢慢上升至环空顶部来实现。

（5）若 A 环空存在持续环空带压情况，需诊断泄漏途径和泄漏源，并需制订维修方案。

（6）若 B 和 C 等外层环空出现持续环空带压情况，应立即开展风险评估工作，及时修井或改变井的用途。

（7）如 A 环空压力变化时，观察并记录 B 环空压力，若 A 环空压力变化时 B 环空压力出现同步变化（或有略微延迟），则证明 A 环空和 B 环空具有关联。

（8）如果泄漏点在油管柱上，环空压力泄放时具有如下特征：

① 油管螺纹渗漏：A 环空泄压（泄放至 0 或者某一值）后 48h 内缓慢恢复至某一低值（低于泄放前压力值）。

② 油管本体、工具泄漏：A 环空压力无法泄放，或者泄放至某一值后 48h 内恢复原值。

③ 油管挂密封不严：油压与套压同步变化明显，A 环空压力无法泄放，或者泄放至某一值后 48h 内恢复原值。

（9）如果泄漏点在生产套管柱上，A 环空泄压时 B 环空出现压力响应，环空压力泄放时具有如下特征：

① 套管本体泄漏或套管头不密封：B 环空压力与 A 环空压力接近，A 环空泄压后几小时恢复至原值，压力恢复曲线如图 5-1-12（a）。

② 套管螺纹不密封，B 环空压力低于或接近 A 环空压力，压力恢复曲线如图 5-1-12（b），与本体泄漏或套管头不密封的曲线类似，A 环空泄压后需几天才可恢复至原值。

③ 水泥环密封性受损，B 压力接近静压，压力恢复曲线以随时间任意变化的规律来增长，B 环空泄压后较长时间波动恢复至原值。

（10）中间管柱密封性受损时的压力恢复曲线的特点是套管间压力在初始水准上产生无规则波动，直到气体开始排放为止。

（11）A 环空和 B 环空泄压时间间隔要超过 3 天，A 环空先泄放，B 环空后泄放，以观察环空间的连通性和判断泄漏途径。

根据建立的环空带压井危险性等级和诊断测试结果，确定环空带压井的危险性级别，给出了红（高危险性）、橙（较高危险性）、黄（中等危险性）、绿（低危险性）的危险等级划分，从而指导现场开展环空带压井的危险处置，如图 5-1-12 为环空带压井危险性评价模，可指导生产管理。

六、储气库管柱密封失效与腐蚀控制技术

对大张坨储气库群、京 58 储气库群、相国寺储气库、呼图壁储气库、双 6 储气库、板南储气库、苏桥储气库、靖边储气库等气藏型储气库油套管使用情况进行了调研，重点调研掌握储气库套管、油管使用情况和需求，发现上述储气库油套管使用中存在以下共性问题：（1）气密封检测均有泄漏现象发生，气密封检测均是在拉伸状态下进行，均未考虑拉伸+压缩循环后的气密封效果；（2）除辽河油田外，其余储气库新井均无井下套管几何尺寸（壁厚、外径等）的测量，不利于后期的套管柱安全评价；（3）对 N80 套管订货，没有明确是 N80 1 类或是 N80 Q 类；（4）套管入井前的现场检测需加强；（5）对不同材质间电化学腐蚀缺失相应的依据；（6）对金属—金属气密封技术套管、生产套管和油管的选用没有进行相关的评价，为后续的生产增添了不确定性因素；（7）在运行过程中逐步出现油套环空带压，部分井技套环空带压，有螺纹接头不密封现象。

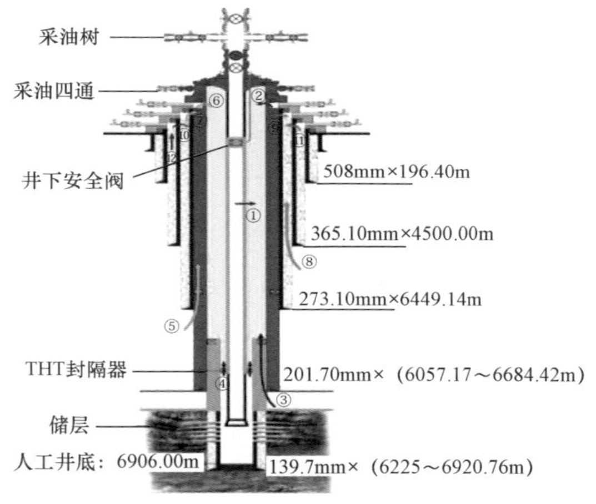
采油树
采油四通
井下安全阀
508mm×196.40m
365.10mm×4500.00m
273.10mm×6449.14m
THT封隔器
201.70mm×（6057.17～6684.42m）
储层
人工井底：6906.00m
139.7mm×（6225～6920.76m）

井完整性状况

□ 红色	□ 橙色	□ 黄色	√ 绿色

类别	分类原则	风险状态	生产管理原则
红色	至少一个环空持续带压超过最大允许压力值风险，且地层流体泄漏失控风险非常大	不可接受	立即上报油田公司，修井或执行有效风险缓解措施
橙色	至少一个环空持续带压超过报警压力值，且地层流体泄泄漏失控风险小	可控	油田公司备案，尽可能采取措施降低风险，加强环空压力监测并制订应急措施，一旦井况恶化立即上报油田公司
黄色	至少一个环空持续带压超超出了推荐的安全范围但均未超出报警值，至少一级井屏障合格	较小	适当采取措施降低风险，加强环空压力监测，一旦环空压力超出报警值进行放压测试并报生产管理部门
绿色	各环空压力均在推荐的安全范围内且两级井屏障均安全可靠	设计范围内	正常生产，实时监测环空压力

井屏障元件	
针对地层的第一井屏障（深蓝色）	
屏障元件	投产后元件可靠性测试要求
地层	无
尾管	A 环空压力检测
尾管外水泥环	A 环空压力检测
封隔器	A 环空压力检测
完井管柱	A 环空压力检测
井下安全阀	按要求定期进行功能和密封性测试
针对地层的第二井屏障（红色）	
屏障元件	投产后元件可靠性测试要求
地层	无
套管	A 环空压力检测
套管外水泥环	A 环空压力检测
套管头	定期压力测试
套管柱及密封	按要求定期进行功能和密封性测试
采油四通	定期压力测试
油管柱及密封	A 环空压力检测
采油树	按要求定期进行功能和密封性测试

1.在气井全生命周期内，应保证有2道独立、可靠的井屏障，以降低地层流体无控制流动带来的风险；

2.一旦上述井屏障中的一道屏障失效，应进行进一步的评估，确定井筒由两道完整的井屏障才能进行正常生产；

3.各环空潜在的泄漏源为：

□导致 A 环空带压的潜在泄漏： ①、②、③、④

□导致 B 环空带压的潜在泄漏： ⑤、⑥、⑦

□导致 C 环空带压的潜在泄漏： ⑧、⑨、⑩

□导致 D 环空带压的潜在泄漏： ⑪、⑫

目前井屏障现状：第一井屏障完好；第二井屏障完好

图 5－1－12　环空压力带压井评价管理模板

枯竭气藏型储气库油套管的使用又存在以下差异：(1)气密封螺纹选用问题。各库选用气密封螺纹不一样,气密封螺纹均未进行多周次往复气密封循环试验(工况试验);(2)腐蚀选材问题。注入气介质一样,各库油套管选用材质差异大,选材未考虑低含水工况下气相腐蚀试验。依据 H_2S 分压、CO_2 分压、温度和 Cl^- 浓度,对油套管选材进行优选评判,但这种优选评判是基于水溶液环境。对于低含水率情况下,这种选材方法是否合适,有待试验研究评定。

针对上述问题,国内研究单位开展了系统深入的研究工作,形成了以下认识和成果。

(1)储气库管柱设计应考虑气密封螺纹接头的压缩效率,并提出了接头压缩效率筛选计算方法

国内研究发现,国外气密封螺纹接头在压缩载荷下的密封性能优于国内气密封螺纹接头,但其气密封循环试验时的最大压缩载荷下均在 ISO 13679 标准范围内,即最大仅进行 67% 压缩载荷下的气密封试验,多数进行 10% ~ 40% 压缩载荷下的气密封试验,且循环仅进行了CCW(逆时针)、CW(顺时针)、CCW 方向(相当于 1.5 周次),没有更多周次循环试验。

综合考虑储气库注采管柱的重力效应、温度效应、鼓胀效应、活塞效应、摩阻效应以及内压力、外压力的影响,计算分析了注采过程中油管柱的载荷变化,尤其是轴向载荷的变化,获得了靖边储气库 $\phi139.7 \times 9.17mm$ TN110 Cr13S 注采管柱的轴向最大拉伸载荷为2100kN(额定抗拉强度的 74%)和最大压缩载荷 730kN(额定抗拉强度 26%)。同理,可以计算得到苏桥储气库 $\phi114.3 \times 6.88mm$ L80 13Cr 注采管柱的轴向最大拉伸载荷为1350kN(额定抗拉强度的 105%)和最大压缩载荷 590kN(额定抗拉强度 46%)。结合气密封螺纹结构额定数据,国外成熟的螺纹接头的拉伸效率和压缩效率可满足工况最大轴向载荷,但国内新研发的螺纹接头的压缩效率仅为 40%,明显低于最大压缩载荷下的气密封承载能力。因此,在对储气库管柱设计时应考虑气密封螺纹接头的压缩效率,同时依据交变载荷的最大压缩载荷筛选接头压缩效率。

(2)建立了储气库交变载荷下管柱多周次气密封循环试验方法,完成了考虑接头压缩效率和多周次密封性能筛选适用油套管的目标,并提出锥面—锥面金属密封结构螺纹接头较适用于储气库工况。

根据最大轴向载荷的交变确定了气密封循环试验载荷。同时结合注采压力,制订了 30 周次气密封循环试验方案,并进行了靖边、苏桥、板南储气库注采作业工况下管柱气密封循环模拟试验。试验结果可知,靖边储气库 $\phi139.7mm \times 9.17mm$ P110 管柱在工况交变载荷下气密封性能较好,30 周次循环后未泄漏(图 5-1-13),又经 95% VME 载荷包络线气密封试验后未泄漏(图 5-1-14);苏桥储气库 $\phi114.3 \times 6.88mm$ L80 管柱在额定压缩效率下,30 周次循环后未泄漏,但在管柱设计时,需考虑接头耐压缩设计;板南储气库 $\phi88.9 \times 6.45mm$ L80 管柱气密封性能可满足工况需要,但在作业中不能有接近管体 95% VME 的载荷产生。

最终从经过"ISO 13679 标准的 1.5 周次气密封循环未泄漏"的试验,改变为经过"拉压交变载荷下 30 周次气密封循环未泄漏"的试验,完成考虑接头压缩效率和多周次密封性能筛选适用油套管的目标。

储气库注采井油套管要长期承受拉伸、压缩、弯曲、内压、外压和热循环等复合应力的作用,因此,储气库的套管必须同时具备两个特征:结构完整性和密封完整性。结构完整性是指螺纹啮合后应具备足够的连接强度,不至于在外力的作用下结构受到破坏;密封完整性是指在

各种受力状态下,螺纹不发生泄漏。对于储气库注采井,螺纹的密封完整性是一项关键指标。

从油田现场使用情况来看,不同的螺纹形式,其密封性能差异较大。广泛应用的 API 圆螺纹和偏梯形螺纹,价格便宜、加工维修方便、易操作,但在密封完整性方面存在严重缺陷,不适合在储气库注采井中使用。因此,需使用具有高密封性能的特殊螺纹。

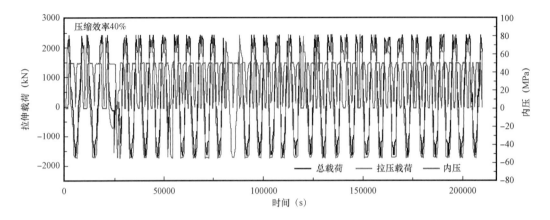

图 5 - 1 - 13　靖边储气库管柱 30 周次气密封循环试验结果

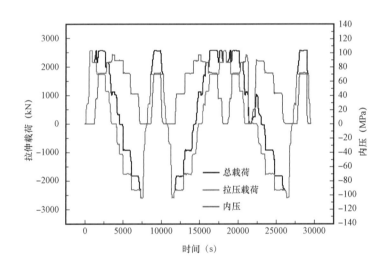

图 5 - 1 - 14　靖边储气库管柱 95% VME 载荷包络线气密封试验结果

特殊螺纹突破了 API 螺纹的设计框架,密封作用不再仅仅由螺纹承担,而是依靠专门的金属—金属密封。一般来说,特殊螺纹都具有多重密封,包括主密封(主要由金属—金属径向密封结构来实现)和辅助密封(一般由扭矩台肩来实现)。另外,螺纹虽然不再起主要密封作用,但仍然起一定的辅助密封作用,这些结构设计使特殊螺纹具有良好的密封性能。因此,储气库注采井生产套管应使用特殊螺纹套管,以提高套管柱的气密封性能。

靖边储气库、苏桥储气库和板南储气库管柱接头的密封结构分别为锥面—球面、柱面—球面、锥面—锥面金属密封,在扫描电镜下分别观察上述 30 周次试验后管柱接头密封结构损伤形貌(图 5 - 1 - 15),发现柱面—球面金属密封结构损伤最为严重,其次为锥面—球面金属密封结构,锥面—锥面金属密封结构损伤相对最轻。而30周次试验结果也证实柱面—球面金属密封结构的接头密封性能最差。

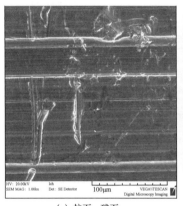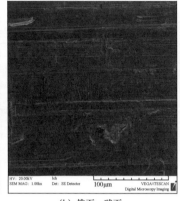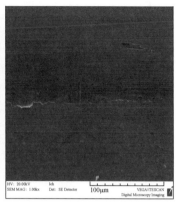

(a) 柱面—球面　　　　　　　(b) 锥面—球面　　　　　　　(c) 锥面—锥面

图 5 - 1 - 15　管柱接头密封面损伤微观形貌

进一步利用有限元分析方法,建立了柱面—球面、锥面—球面、锥面—锥面金属密封三种结构的接头模型,在同种工况交变载荷下分析其密封面承载能力变化,发现锥面—锥面密封形式主密封面最大接触压力和有效接触长度的相对改变量最小,相对来说,锥面—锥面密封形式受交变载荷的影响作用最小(表 5 - 1 - 6)。

表 5 - 1 - 6　交变拉压转变时三种密封形式主密封面结果改变量的对比

主密封形式	最大接触压力 相对改变量(%)	有效接触长度 相对改变量(%)
柱面/球面	56.4	83.3
锥面/球面	65.1	137.0
锥面/锥面	39.8	37.7

综合30周次气密封循环试验和有限元数值计算结果,提出锥面—锥面金属密封结构螺纹接头较适用于储气库工况。

(3)确定了气液两相分析储气库管柱耐 CO_2 腐蚀性,获得了储气库管柱耐 CO_2 腐蚀性选材新认识,建立了储气库管柱各构件间的材质匹配图版。

结合储气库环境工况,进行气液两相条件下的动态高温高压釜腐蚀试验。通过对 L80、95S、P110、13Cr110、110 Cr13S 和 Q125 等系列管材腐蚀试验,可知 13Cr 材质较好地适用于 CO_2 上述气/液相腐蚀环境,腐蚀速率:L80 13Cr≈13Cr110 > 110 Cr13S;其他材质均较好地适用于 CO_2 上述气相腐蚀环境,其腐蚀速率均小于 SY/T 5329《碎屑岩油藏注水水质指标及分析方法》规定的 0.076mm/a。结合储气库生产套管和油管使用环境,认识到生产套管和油管腐蚀选材应分别对待,套管依据现有液相工况选材,油管按照低含水工况选材。

通过系列管材电化学试验,形成考虑自腐蚀电位差的管材选用图版(图 5 - 1 - 16),改变了"井下管材任意匹配使用"的做法,提出选用要求:在同一电位区域内选材,若要跨电位区域且电位差超过 200mV,需要保证合适的阴阳面积比。譬如 2 种材质电位差超过 200mV,在材质匹配上要求在同一空间内,低电位与高电位材质的面积比至少要大于 1∶1,在地层水环境中面积比要求在 3∶1 以上,才可能保证腐蚀速率值小于 0.076mm/a(SY/T 5329 规定)。

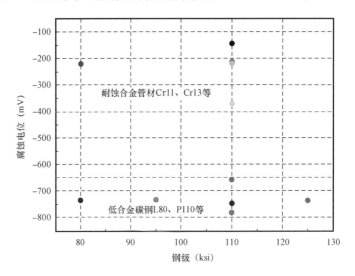

图 5-1-16 管材腐蚀电位分布图

第二节 工程监理

一、储气库监理的特殊性

由于储气库建设技术含量高,标准要求严,必须格外重视监理工作。

储气库的监理工作要充分考虑储气库的特殊性。井筒长期承受高压、交变载荷冲击,对井筒完整性提出了更高要求,需要精心施工,保证质量。储气库要满足大排量注气、采气的运行要求,井身结构和油管尺寸较大,施工难度加大。建库时地层压力系数低,储层保护工作需贯穿设计、施工各个环节。注采井质量要求高、使用寿命长,施工工序复杂、要求严格,各施工环节需统一考虑。因此,监理工程技术是注采井完整性的重要保障措施之一[9]。

由于气藏型储气库建设与油气田开发有着诸多不同,储气库建设监理也有别于油气田开发中的监督,不同点见表 5-2-1。

二、工程监理实施要点

(1)建立监理模式。

编写监理工作方针、监理人员守则、监理岗位职责、地下储气库工程监理管理办法和地下储气库钻采工程监理大纲等一系列文件,建立地下储气库工程项目管理承包管理模式。

表 5 - 2 - 1　储气库注采井监理与常规油气井监督对比表

项目	储气库注采井	常规油气井
监理目标	非常高(1 口井影响整个储气库)	高
监理工作量、复杂程度	大、细(气密检测、探伤、模拟等)	相对小
监理内容	现场管理及技术支持	现场管理
运作方式	驻井、旁站为主	驻井、巡井为主
监理设置	全、多、要求高(9 类专业以上)	常规配置

(2)建立管理制度。

建立周例会制度、监理日报、监理周报、监理月报、设计审批制度、旬度计划制度以及阶段验收制度等。

(3)制订技术规范。

为保证施工质量,组织编制技术规范和方案。

(4)实施安全预案。

根据每座储气库具体情况,提前制订安全预案,既要保证安全,又要保证作业的有序进行。

(5)关键工序旁站监理。

监理工程师 24h 常驻现场,梳理明确关键工序。对于储气库注采井每口井有几百关键工序,均需实施旁站监理,发现问题立即整改,保证施工质量。

三、监理工程技术体系的建立

由于储气库建设过程中监理模式的特殊性,为确保储气库长期、高效、安全运行,需要建立储气库监理工程技术体系。

通过已建储气库的经验,目前已基本形成了气藏型储气库监理工程技术体系的总体框架,如图 5 - 2 - 1 所示。

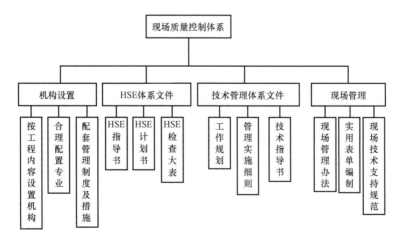

图 5 - 2 - 1　监理工程技术体系总体框架

2fk[.g..............................

参 考 文 献

[1]罗金恒,李丽锋,王建军,等.气藏型储气库完整性技术研究进展[J].石油管材与仪器,2019,33(2): 1-7.

[2]刘文忠.相国寺储气库注采井完整性技术探索与实践[J].钻采工艺,2017,40(2):27-30.

[3]林勇,薛伟,李治,等.气密封检测技术在储气库注采井中的应用[J].天然气与石油,2012,30(1): 55-58.

[4]王云,李隽,刘岩.储气库注采井环空压力优化管理研究[C].2018年全国天然气学术年会,2018.

[5]丁建东,杨永祥,丁熠然,等.苏桥地下储气库群注采工程风险与安全保障体系[J].天然气工业,2017, 37(5):106-112.

[6]魏东吼,董绍华,梁伟.地下储气库完整性管理体系及相关技术应用研究[J].油气储运,2015,34(2): 115-121.

[7]谢丽华,张宏,李鹤林.枯竭油气藏型地下储气库事故分析及风险识别[J].天然气工业,2009,29(11): 116-119.

[8]李海伟,李梦雪,孟凡琦等.气密封检测技术在储气库井应用研究[J].石油化工应用,2018,37(3): 35-38.

[9]黄伟和.大张坨地下储气库注采井工程建设监理实践[J].天然气工业,2007,27(11):103-105.